Siddhan Sivakumar

A nanotecnologia a impulsionar a eficiência das pilhas de combustível: Informações actuais

Siddhan Sivakumar

A nanotecnologia a impulsionar a eficiência das pilhas de combustível: Informações actuais

Imprint

Any brand names and product names mentioned in this book are subject to trademark, brand or patent protection and are trademarks or registered trademarks of their respective holders. The use of brand names, product names, common names, trade names, product descriptions etc. even without a particular marking in this work is in no way to be construed to mean that such names may be regarded as unrestricted in respect of trademark and brand protection legislation and could thus be used by anyone.

Cover image: www.ingimage.com

This book is a translation from the original published under ISBN 978-620-7-64766-8.

Publisher:
Sciencia Scripts
is a trademark of
Dodo Books Indian Ocean Ltd. and OmniScriptum S.R.L publishing group

120 High Road, East Finchley, London, N2 9ED, United Kingdom
Str. Armeneasca 28/1, office 1, Chisinau MD-2012, Republic of Moldova, Europe
Printed at: see last page
ISBN: 978-620-7-66017-9

EXPLORAÇÃO DE SOLUÇÕES NANOTECNOLÓGICAS PARA A EFICIÊNCIA DAS PILHAS DE COMBUSTÍVEL: UMA PANORÂMICA CONTEMPORÂNEA

*SIDDHAN SIVAKUMAR**

**DEPARTAMENTO DE ENGENHARIA MECÂNICA, FACULDADE DE TECNOLOGIA DE KUMARAGURU.*

E-MAIL: AUTOR CORRESPONDENTE :SIVAKUMAR.SIDDHAN.MEC@KCT.AC.IN, TEL: 9940415348

1

ÍNDICE DE CONTEÚDOS

RESUMO

A nanotecnologia é um dos principais temas de investigação entre cientistas e engenheiros, e trata do estudo da matéria a escalas minúsculas, com menos de 1 mm de comprimento. Os contributos da nanotecnologia para a produção de células de combustível eficientes são discutidos neste artigo. A tónica é colocada principalmente na melhoria da fiabilidade, na viabilidade das células de combustível de membrana de permuta de protões (PEM) e no armazenamento de hidrogénio atómico ou molecular As tecnologias do hidrogénio são objeto de especial atenção. As alterações climáticas, exacerbadas pela poluição por gases com efeito de estufa, provocaram um interesse crescente por fontes de energia alternativas, bem como uma mudança na opinião e pressão públicas. As últimas inovações na utilização de nanomateriais para o processamento de hidrogénio solar e para o armazenamento de hidrogénio em estado sólido a bordo. Este documento de estudo reflecte o trabalho de investigadores que utilizaram a nanotecnologia para fabricar células de combustível de óxido sólido (SOFC). utilizando diferentes métodos. Estes métodos removeram ou diminuíram efetivamente a resistência interna, resultando num grande aumento da densidade de potência das SOFC a temperaturas mais baixas.

Palavras-chave: Nanotecnologia, células de combustível de óxido sólido, células foto-electroquímicas, células de combustível, célula de combustível de hidrogénio

1. INTRODUÇÃO

Um dos problemas mais graves da atualidade é a crise dos combustíveis. O combustível fóssil é a fonte de energia mais utilizada nos automóveis e noutros motores de combustão interna. Por isso, a célula de combustível pode resolver esta crise, mas as células de combustível têm muitos problemas. Esta questão é abordada através da incorporação da nanotecnologia no fabrico de células de combustível. Uma célula de combustível é um sistema que transforma energia química em energia eléctrica, utilizando hidrogénio ou hidrocarbonetos e oxigénio como combustíveis de entrada e produzindo eletricidade e água como combustíveis de saída. Na tecnologia das pilhas de combustível, o hidrogénio desempenha um papel importante. O hidrogénio utilizado na pilha de combustível transforma a energia química do hidrogénio em água, eletricidade e calor. Representado como $H2 + 1/2\ O_2 \longrightarrow H\ O_2$

+ O armazenamento do hidrogénio afecta tanto a procura como a utilização do hidrogénio, pelo que desempenha um papel importante no lançamento de uma economia do hidrogénio. As propriedades críticas dos materiais de armazenamento de hidrogénio a testar para aplicações em automóveis são: 1) leveza, ii) custo e disponibilidade, iii) elevada densidade volumétrica e gravimétrica do hidrogénio, iv) cinética rápida, v) facilidade de ativação, vi) baixa temperatura de dissociação ou decomposição, vii) propriedades termodinâmicas suficientes, viii) estabilidade de ciclo a longo prazo e ix) alta temperatura de dissociação ou decomposição.São explorados vários sistemas de armazenamento de hidrogénio para o armazenamento de hidrogénio a bordo, mas nenhum destes materiais cumpre todos os critérios de armazenamento de hidrogénio. Devido às suas propriedades peculiares, como a adsorção superficial, as fronteiras inter e intragrãos e a absorção em massa, os materiais nanoestruturados são muito promissores no armazenamento de hidrogénio. A nanotecnologia desempenha também um papel vital no aumento da eficiência das células de combustível. O material utilizado como catalisador é o elemento mais significativo que afecta a eficiência das células de combustível. Os catalisadores aceleram as reacções tanto no ânodo como no cátodo. Existem muitas variedades de células de combustível. Para diversas utilizações, cada tipo de célula de combustível requer a utilização de materiais e combustíveis especiais. Neste artigo, abordamos um eletrólito específico denominado células de combustível de membrana de permuta de protões (PEMFC). A platina (Pt) e as suas ligas com outros metais pulverizados na superfície do carbono industrial são os catalisadores mais utilizados para a oxidação eletroquímica do hidrogénio nas PEMFC.

1.1 Nanotecnologia e células foto-electroquímicas

A nanotecnologia tem um grande potencial para fazer avançar a investigação em células foto-electroquímicas de várias formas, incluindo: - Introdução de poros mesoscópicos em filmes nanocristalinos; - Adição de nanopartículas aos eléctrodos; - Aumento da condutividade dos substratos de vidro; e - Diminuição da recombinação de electrões. Uma das principais melhorias introduzidas pela nanotecnologia nas células foto-electroquímicas é a substituição de materiais semicondutores a granel por filmes nanocristalinos. As películas nanocristalinas são constituídas por nanopartículas de dimensões compreendidas entre 7 e 10 nm de diâmetro, com uma elevada rugosidade superficial, proporcionando assim uma maior área de superfície e facilitando a injeção de electrões e as reacções de redução [6]. Além disso, estas películas nanocristalinas são também mesoporosas, o que aumenta ainda mais a área de superfície, permitindo assim que a área máxima possível absorva o corante sensibilizador [7]. A nanotecnologia melhorou a recolha de fotões através da incorporação de nanopartículas (400 nm de diâmetro) no material do elétrodo. O resultado foi uma célula foto-eletroquímica com uma eficiência de quase 11% [8]. Está a ser utilizada uma técnica semelhante para melhorar a condutividade do substrato de vidro. Nesta técnica, é utilizada uma camada dupla de 350 nm de óxido de estanho dopado com flúor e 650 nm de óxido de índio dopado com estanho, resultando numa resistência de folha de 1,30 ohm/quadrado, que é uma das medidas mais baixas para vidro opticamente transparente [2]. A recombinação superficial de electrões foi também reduzida através da introdução de impurezas de magnésio na película nanocristalina de óxido de estanho. Verificou-se que estas impurezas são muito eficazes na remoção das áreas de recombinação na superfície das películas nanocristalinas, aumentando assim a recolha de electrões da célula solar em todo o espetro solar. Atualmente, a produção de hidrogénio a partir de células fotoelectroquímicas ainda se encontra em fase de investigação, embora com os avanços da nanotecnologia e a melhoria da eficiência, as células fotoelectroquímicas possam produzir grandes quantidades de hidrogénio a um preço económico.

1.2 Células de combustível - produção de eletricidade.

Uma célula de combustível é um dispositivo que funciona através de uma função eletroquímica e no qual a substituição dos reagentes é um processo contínuo. Trata-se de uma aplicação de energia renovável muito vantajosa, uma vez que não causa poluição direta e não tem qualquer limitação em termos de eficiência térmica. As células de combustível são, assim, capazes de converter energia química diretamente em eletricidade com uma elevada taxa de eficiência (35-70%) [9]. O desempenho dos materiais e os custos elevados têm limitado a utilização das pilhas de combustível, apesar da sua longa história. No entanto, com o advento da nanotecnologia e da investigação de materiais, a tecnologia dos eléctrodos está agora mais avançada e tem encontrado maiores aplicações no domínio automóvel.

1.3 Técnica de geração em células de combustível

As células de combustível com membrana de permuta de protões geram eletricidade da seguinte forma: o ânodo da célula de combustível é alimentado com hidrogénio, que se dissocia em electrões e protões; os electrões passam através de um circuito elétrico externo para chegar ao cátodo, enquanto os protões passam através de uma membrana electrolítica; o oxigénio é fornecido separadamente ao cátodo, onde uma reação catalítica com os electrões e os protões produz calor e água. Para produzir um valor de tensão significativo, várias células de combustível são dispostas de modo a formar uma pilha de células [10]. Para obter elevados caudais mássicos e contacto com os reagentes, os eléctrodos de carbono ou de metal têm de ser especificamente concebidos para terem áreas de superfície e porosidade elevadas. A platina é geralmente utilizada como catalisador ligado aos eléctrodos. No entanto, devido ao elevado custo e à disponibilidade limitada da platina, os materiais alternativos para o desenvolvimento de electrocatalisadores continuam a ser uma área de investigação importante. Os electrólitos nas células de combustível são geralmente condutores de protões que têm a forma de uma membrana, mas não permitem o fluxo de eletricidade. Uma vez que as membranas devem ser hidratadas, também é necessário abordar as questões da gestão da água nas células de combustível. Outros aspectos importantes para o funcionamento das células de combustível incluem a temperatura, a pressão, a incrustação catalítica e os caudais de reagentes. A célula de combustível microbiana é outra conceção atualmente em investigação, em que a transferência de electrões tem lugar através de um organismo. Atualmente, a seleção de micróbios e os mecanismos de transferência são o foco da investigação atual [11]. É provável que a nanotecnologia venha a desempenhar um papel importante no desenvolvimento de células de combustível microbianas.

1.4 Nanotecnologia e células de combustível

A nanotecnologia tem soluções específicas para os eléctrodos e os electrocatalisadores das pilhas de combustível. A este respeito, a platina e as suas ligas são electro-catalisadores reconhecidamente eficazes, sendo a platina-ruténio considerada a mais eficaz na oxidação do metanol [12]. Infelizmente, se a platina for utilizada como electrocatalisador nas células de combustível para todos os motores de combustão interna dos automóveis, esgotaria várias vezes todo o abastecimento mundial de platina [13]. Se a nanotecnologia for aplicada, podem ser desenvolvidos materiais que podem substituir ou ser utilizados em combinação para produzir electrocatalisadores com um desempenho igual ou superior. A manipulação de materiais à escala nanométrica resulta assim numa menor utilização de platina com uma maior eficiência nas aplicações desejadas. Chan et al. [12] defende que, para progredir na indústria das pilhas de combustível, é necessário que o desenvolvimento de electrocatalisadores se processe à escala nanométrica. Com a ajuda destas técnicas, é possível obter nanopartículas metálicas mistas em estruturas de carbono que podem adaptar-se facilmente a vários combustíveis e electrólitos. Outra área da célula de combustível em que a nanotecnologia está a ter impacto é a reformação de combustíveis que podem ser utilizados numa célula de combustível para a produção de hidrogénio. No caso de Uemiya [14], verificou-se que o rendimento de hidrogénio é substancialmente aumentado pela utilização de membranas metálicas microporosas, enquanto a separação do hidrogénio é melhorada através da reforma a vapor e da utilização de membranas.

1.5 Célula de combustível - economia

O custo das pilhas de combustível é difícil de comparar com os métodos convencionais de produção de energia, uma vez que a energia produzida por uma pilha de combustível se destina normalmente a uma aplicação portátil e em quantidades que não podem ser vendidas a uma rede eléctrica. Além disso, os ganhos económicos decorrentes da utilização da nanotecnologia são também difíceis de calcular em termos de benefícios para a indústria das pilhas de combustível. A maior parte da investigação no domínio da nanotecnologia é apenas laboratorial e não apresenta uma estimativa dos custos do processo. No entanto, estima-se que o custo dos catalisadores possa vir a registar uma descida acentuada. Uma questão adicional é a disponibilidade de hidrogénio barato, que afecta diretamente a economia de produção das células de combustível. A produção de hidrogénio através da reforma do metano a vapor é atualmente o método mais rentável [15]. No entanto, está diretamente relacionada com o custo dos combustíveis fósseis convencionais. A nanotecnologia, juntamente com a investigação no domínio das pilhas de combustível, pode efetivamente tornar as pilhas de combustível uma fonte atraente de produção de energia para o futuro

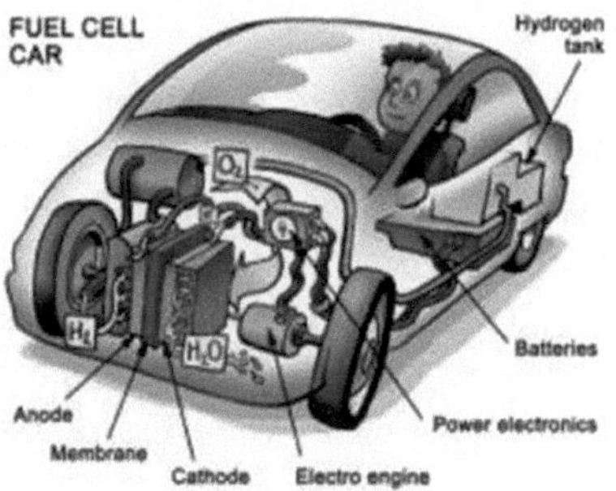

Figura 1: Aplicação da nanotecnologia nas células de combustível

Os nanoclusters e as camadas hiperfinas nos eléctrodos PEFC são utilizados para reduzir o volume de platina, aumentando simultaneamente a sua atividade catalítica. Em contrapartida, a utilização de diferentes nanoestruturas como suporte para partículas de platina finamente dispersas, como os nanotubos de carbono (CNT) e as membranas de grafeno, resulta numa maior eficiência da reação eletroquímica e na eficácia da célula de combustível, em comparação com um catalisador pulverizado sobre hidrogénio industrial. O presente documento aborda igualmente os electrocatalisadores à base de nanopartículas de nitreto de titânio para células de combustível com membrana de permuta de protões. O presente documento apresenta uma análise aprofundada das várias utilizações dos nanomateriais na tecnologia de fabrico de células de combustível para veículos a motor. Devido ao número relativamente elevado de publicações sobre este tema, a presente análise refere-se apenas aos trabalhos mais comuns sobre cada um dos domínios de aplicação dos materiais acima referidos.

2. PRINCÍPIO DE FUNCIONAMENTO DAS PILHAS DE COMBUSTÍVEL A HIDROGÉNIO

As células de combustível de hidrogénio são dispositivos electroquímicos que geram eletricidade através da combinação de hidrogénio gasoso e oxigénio do ar. No **ânodo**, o hidrogénio é dividido em protões e electrões, sendo que estes últimos fluem através de um circuito externo para criar uma corrente eléctrica. Os protões migram através de uma membrana para o **cátodo**, onde se combinam com os electrões e o oxigénio para produzir vapor de água como único subproduto. As células de combustível são altamente eficientes e não emitem poluentes nocivos, o que as torna uma fonte de energia limpa e amiga do ambiente com diversas aplicações, incluindo transportes e produção de energia. O hidrogénio como combustível para a aviação apresenta várias vantagens, incluindo a redução das emissões, a elevada densidade energética, o reabastecimento rápido, as capacidades de longo alcance, a redução do ruído e o potencial de produção interna. No entanto, também enfrenta desafios significativos, tais como a necessidade de desenvolvimento de infra-estruturas extensivas, preocupações de segurança, questões de eficiência energética, custos elevados, alcance e carga útil limitados e a necessidade de produção de hidrogénio ecológico. A superação destes desafios é crucial para a concretização dos benefícios ambientais e operacionais do hidrogénio na aviação. O êxito da sua integração dependerá da continuação da investigação, do investimento e do desenvolvimento de infra-estruturas no sector da aviação.

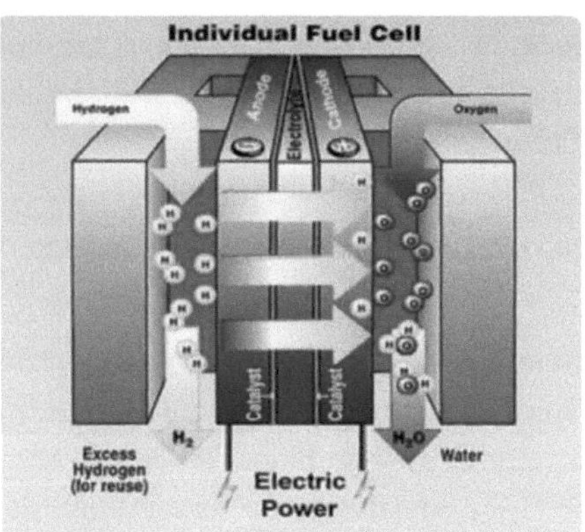

Figura 2. Implementação da nanotecnologia nas células de combustível

2.1 Nanomateriais: Explorando o potencial

Os nanomateriais estão a desempenhar um papel fundamental nas aplicações aeroespaciais devido às suas propriedades e versatilidade excepcionais. Estes materiais oferecem vantagens como compósitos leves e resistentes, maior eficiência de combustível, sistemas de propulsão avançados, resistência ao calor, sensores e eletrónica, soluções de armazenamento de energia, proteção contra radiações, maior durabilidade dos materiais e menor formação de gelo. São particularmente valiosos para a exploração espacial, onde contribuem para o desenvolvimento de naves e equipamentos espaciais capazes de resistir a condições extremas. Embora os nanomateriais ofereçam numerosas vantagens, é necessário enfrentar os desafios relacionados com o fabrico, a segurança e a regulamentação para realizar plenamente o seu potencial no sector aeroespacial. No entanto, a investigação e o desenvolvimento em curso neste domínio prometem transformar a indústria aeroespacial, criando aeronaves e naves espaciais mais eficientes, duradouras e amigas do ambiente. Para obter informações sobre o desenvolvimento de células de combustível com nanotecnologia, os nanomateriais oferecem uma multiplicidade de vantagens para as células de combustível de hidrogénio, revolucionando a tecnologia das células de combustível. Estas vantagens incluem uma maior atividade catalítica, maior durabilidade, menor utilização de metais preciosos, melhor transporte de massa, opções de conceção flexíveis, elevada área de superfície, melhores membranas de células de combustível, redução do sobrepotencial, oportunidades de miniaturização e sustentabilidade ambiental. Ao tirar partido destas vantagens, os nanomateriais contribuem para aumentar a eficiência das células de combustível, reduzir os custos e alargar a adoção do hidrogénio como fonte de energia limpa e eficiente em várias aplicações

2.2 Células de combustível de hidrogénio com nanomateriais

Os nanomateriais oferecem uma série de vantagens para o armazenamento eficiente de hidrogénio, abordando os principais desafios na utilização do hidrogénio como um vetor de energia limpa. A sua elevada área de superfície, a cinética melhorada de absorção e dessorção, as estruturas de poros ajustáveis e a capacidade de facilitar o extravasamento de hidrogénio aumentam a capacidade de armazenamento e a cinética de libertação. Os nanomateriais também permitem o armazenamento a temperaturas mais baixas, aumentam a segurança, fornecem soluções leves, apresentam reversibilidade e oferecem estabilidade química. Com diversas opções de materiais, os nanomateriais são uma promessa significativa para o avanço da tecnologia de armazenamento de hidrogénio, embora seja necessário enfrentar desafios como a escalabilidade e a relação custo-eficácia para uma adoção generalizada. A investigação e o desenvolvimento contínuos neste domínio desempenhará um papel crucial na realização do potencial do **hidrogénio como fonte de energia sustentável.** Os nanocatalisadores são essenciais para melhorar o desempenho das células de combustível através de vários mecanismos. A sua elevada área de superfície, a cinética de reação melhorada e a engenharia precisa permitem uma catálise mais eficiente das reacções electroquímicas críticas nas pilhas de combustível. Os nanocatalisadores reduzem a dependência de metais preciosos dispendiosos, aumentam a durabilidade e resistem ao envenenamento e à corrosão. Podem ser integrados em componentes de células de combustível, aumentam a compatibilidade com combustíveis alternativos e facilitam a transferência de hidrogénio. Estas vantagens contribuem coletivamente para melhorar a eficiência, a relação custo-eficácia e a aplicabilidade das células de combustível em vários sectores, incluindo os transportes, a produção de energia fixa e os dispositivos portáteis. Os nanocatalisadores são fundamentais para o avanço da tecnologia das pilhas de combustível e para o seu potencial como solução de energia limpa.

3. TIPOS DE CÉLULAS DE COMBUSTÍVEL

Até agora, foram concebidos diferentes tipos de células de combustível que foram introduzidos no mercado e em projectos de investigação científica. Curiosamente, todas estas células de combustível partilham um **cátodo** e um **ânodo**, bem como um eletrólito que permite que os iões de carga positiva, como o hidrogénio, migrem entre os dois lados de uma célula de combustível. O desenvolvimento de células de combustível em maior escala é um pouco dificultado devido a problemas de durabilidade em condições distintas e a custos demasiado elevados. No entanto, o custo no caso das células de baixa temperatura deve-se sobretudo ao tipo de eletrólito e electrocatalisador. Além disso, os resíduos e o custo de processamento dominam os sistemas de células de combustível de alta temperatura. Por conseguinte, o aumento da eficiência das pilhas de combustível com base na baixa carga do electrocatalisador e o desenvolvimento de catalisadores à base de metais não nobres tornaram-se o centro das atenções dos projectos de investigação nos últimos anos, com as recentes tentativas de os melhorar com reacções de redução do oxigénio e reacções de electrooxidação de pilhas de combustível de hidrocarbonetos, nomeadamente ácido fórmico, etanol e metanol. Espera-se que os problemas com as células de combustível nos dias de hoje sejam parcialmente resolvidos com base na nanotecnologia através do desenvolvimento de electrocatalisadores para reacções redox com a melhoria consecutiva do desempenho, bem como a redução significativa e o custo do processamento 2 As células de combustível têm muitos tipos diferentes, mas como foi mencionado anteriormente, todas funcionam da mesma forma. Em particular, são constituídas por três segmentos adjacentes com duas reacções químicas que ocorrem nas interfaces dos três segmentos mencionados. O resultado das duas reacções de oxidação-redução compreende o consumo de combustível, a formação de água ou dióxido de carbono e a geração de uma corrente eléctrica para ser utilizada como fonte de energia para dispositivos eléctricos. Do ponto de vista químico, a oxidação ocorre no ânodo, sendo o hidrogénio oxidado num ião de carga positiva e num eletrão de carga negativa. Na sua totalidade, a conceção das pilhas de combustível envolve a substância electrolítica que determina o tipo de pilha de combustível, os catalisadores do ânodo que são normalmente pó de platina, o catalisador do cátodo que é, na maioria dos casos, níquel que se converte em produtos químicos residuais e camadas de difusão de gás que se destinam principalmente a resistir à oxidação. Visão geral dos vários tipos de células de combustível com as seguintes temperaturas de funcionamento: célula de combustível de membrana de eletrólito polimérico (PEMFC) e célula de combustível de metanol direto (DMFC) RT-100 °C, célula de combustível de ácido fosfórico (PAFC) 150-220 °C, célula de combustível alcalina (AFC) RT-250 °C, célula de combustível de carbonato fundido (MCFC) 620-660 °C e célula de combustível de óxido sólido (SOFC) 600-1000 °C. RT = temperatura ambiente. Foram desenvolvidas várias tecnologias de células de combustível. As principais diferenças em relação à aplicação são a forma como o combustível pode ser fornecido à célula de combustível e a temperatura de funcionamento da célula de combustível. A Figura 1 mostra uma visão geral dos vários tipos de tecnologia de células de combustível, os seus principais reagentes e a sua temperatura de funcionamento. As células de combustível de alta temperatura, como a SOFC e a MCFC, têm um processo de reforma interna e, por conseguinte, podem ser alimentadas por gás natural ou outros combustíveis com cadeias CHx. Outras células de combustível, como a PEMFC, requerem hidrogénio gasoso. A célula de combustível de metanol direto (DMFC) pode funcionar a temperaturas relativamente baixas com combustível de metanol líquido. Os sistemas autónomos de fornecimento de energia para gamas de potência pequenas e médias (cerca de 10 Wh por dia a cerca de 10 kWh por dia) têm os seguintes requisitos em relação à pilha de combustível, incluindo os seus periféricos:

• gama de potências de alguns W a alguns kW
• fácil adaptação da potência através da modularidade
• ampla gama de funcionamento à temperatura ambiente
• elevada eficiência em funcionamento com carga parcial e à potência nominal
• elevada fiabilidade também em funcionamento intermitente
• longa duração (horas de funcionamento)
• baixa necessidade de manutenção
• baixas emissões de poluentes, ruído e vibrações
• montagem mecânica simples - elevada disponibilidade de combustíveis
• fácil transporte de combustíveis - curto tempo de arranque
• baixos requisitos de segurança
• baixos custos para a célula de combustível, periféricos, combustíveis e depósitos de combustível Para aplicações com células de combustível como único gerador de energia e sem baterias, é necessária uma adaptação dinâmica da carga para assegurar o fornecimento contínuo de energia, mesmo com cargas variáveis.

Tendo em conta os requisitos mencionados, neste momento apenas as SOFC, DMFC e PEMFC são opções realistas para sistemas autónomos de fornecimento de energia do tipo aqui considerado. A pilha de combustível alcalina (AFC) está tecnicamente muito desenvolvida. No entanto, devido aos elevados requisitos de pureza do gás utilizado, não é adequada para a utilização em sistemas autónomos, tal como referido anteriormente. Os sistemas PAFC e MCFC só estão disponíveis com gamas de potência mais elevadas (PAFC: >50 kW, MCFC: >200 kW). Precisam de muito tempo para arrancar e não são adequados para cargas dinâmicas. No entanto, a aplicação dos sistemas pode ser interessante em sistemas de alimentação eléctrica de aldeias maiores.

3.1 SOFC: As células de combustível de óxido sólido podem ser alimentadas por hidrogénio, gás natural, gás de carvão (possibilidade de reforma interna), biogás e etanol. Com o funcionamento a biogás, a utilização de SOFC em sistemas autónomos de fornecimento de energia em zonas rurais torna-se muito interessante. O biogás e o etanol podem ser produzidos através da fermentação de resíduos orgânicos no local pelos agricultores e indústrias locais. A produção local poderia criar empregos na agricultura, a dependência do petróleo e o dispêndio de divisas escassas poderiam ser reduzidos e o dinheiro pago pela eletricidade permaneceria, pelo menos em parte, na região ou no país. Do ponto de vista económico, são criadas novas oportunidades de desenvolvimento rural. Uma desvantagem das SOFC da tecnologia atual é que a paragem completa e, consequentemente, o arrefecimento do sistema de alta temperatura reduzem significativamente o tempo de vida da célula. Além disso, a eficiência operacional em pequenas unidades operadas com cargas parciais é relativamente má, devido à elevada necessidade de calor para manter a temperatura. As primeiras SOFC movidas a gás natural são colocadas em funcionamento como programas-piloto para unidades de produção combinada de calor e eletricidade (CHP) para residências individuais com potências na gama de 1 kW pelo fabricante Sulzer Hexis.

3.2 DMFC: As células de combustível de metanol direto transformam o combustível fluido metanol diretamente em energia eléctrica. Isto simplifica imenso o sistema em comparação com os sistemas de células de combustível que produzem hidrogénio no local através de um processo de reforma. Além disso, o metanol pode ser transportado e armazenado com relativa facilidade como combustível líquido. Com um armazenamento adequado de água e metanol, o funcionamento e o arranque da célula podem ser assegurados mesmo a temperaturas inferiores a 0°C. Com um funcionamento adequado, a capacidade total da DMFC pode ser fornecida muito rapidamente. Até à data, apenas estão disponíveis DMFC com uma gama de potência muito pequena. Até à data, não existem sistemas na gama de kW que possam ser adquiridos comercialmente, apesar de existirem várias folhas de dados. Quando operadas em condições reais, as DMFC têm uma eficiência operacional mais baixa devido à passagem do metanol pela membrana. Entre outras coisas, há necessidade de investigação e desenvolvimento de melhores estruturas de eléctrodos, de condições de funcionamento optimizadas e de aspectos do material e da deposição do catalisador.

3.3 PEMFC:

As células de combustível de membrana de eletrólito polimérico necessitam de hidrogénio para funcionar. Outros combustíveis, como o gás natural, a gasolina, o metanol ou o etanol, têm de ser pré-processados quimicamente e purificados da contaminação por CO (processos de reforma e de mudança). Isto requer uma tecnologia de sistema elaborada. Especialmente para sistemas pequenos, o hidrogénio pode ser fornecido em cilindros de pressão ou em armazenamento de hidretos metálicos. O armazenamento de hidrogénio líquido provoca perdas de cerca de 0,4 a 2% por dia (dependendo do sistema de armazenamento) /1/ e, por isso, não é adequado para sistemas autónomos de fornecimento de energia. As vantagens das PEMFC são a sua elevada eficiência de funcionamento em carga parcial, o funcionamento intermitente sem problemas e um bom potencial de desenvolvimento futuro. A médio prazo, é de esperar uma eficiência do sistema de cerca de 40 % ou superior, mesmo para sistemas mais pequenos. No que diz respeito ao oxigénio, pode ser utilizado oxigénio puro (interessante em sistemas que produzem hidrogénio no local por eletrólise, por exemplo, a partir do excesso do sistema solar) ou ar. Este último reduz a complexidade mas, ao mesmo tempo, a eficiência. As densidades de potência alcançáveis são consideravelmente mais elevadas do que na DMFC, no entanto, no fornecimento de energia autónomo, este é apenas um critério importante em casos excepcionais: AFC - célula de combustível alcalina, PEMFC - célula de combustível de membrana de eletrólito de polímero, DMFC - célula de combustível de metanol direto, PAFC - célula de combustível de ácido fosfórico, MCFC - célula de combustível de carbonato fundido, SOFC - célula de combustível de óxido sólido

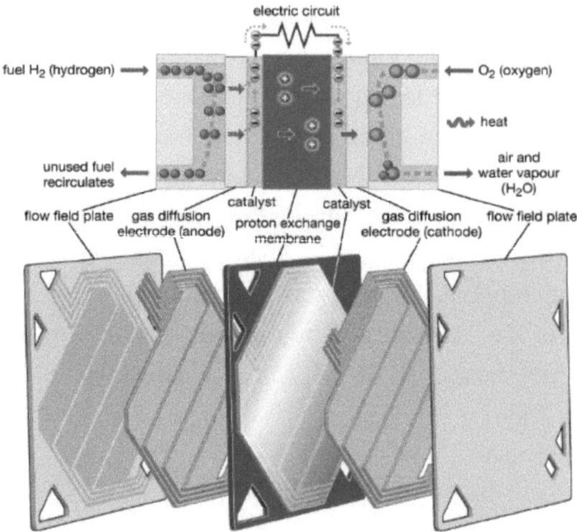

Figura 3. Célula de combustível PEM: vista em corte

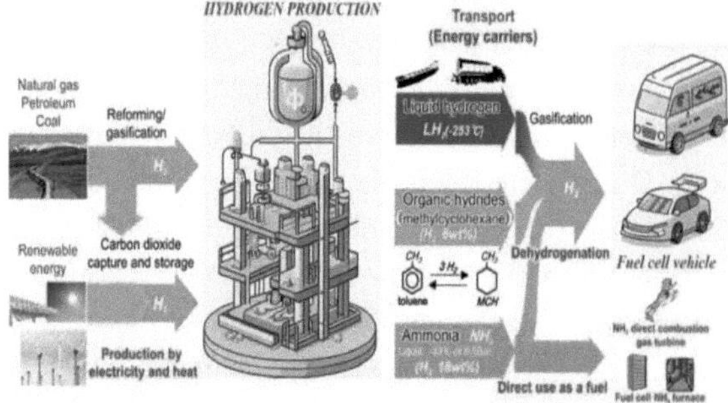

Figura 4: Esquema de diferentes mecanismos de produção, armazenamento e transporte de hidrogénio

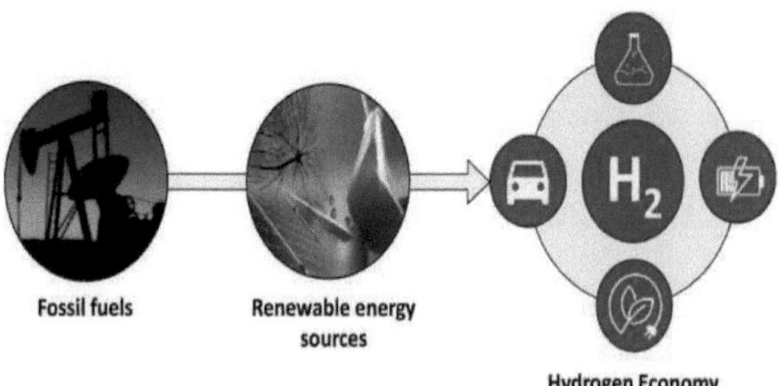

Figura 5: Nanomateriais na energia do hidrogénio

Figura .6. Representa a utilização de nanopartículas como sistema de armazenamento de energia.

4. PANORÂMICA DO IMPACTO DA NANOTECNOLOGIA NAS CÉLULAS DE COMBUSTÍVEL:

Pandiyan, G.K et al (2020) estudaram a pilha de combustível, tal como se mostra na figura 1, e os problemas da pilha de combustível convencional e estudaram a forma como a implementação da nanotecnologia na tecnologia da pilha de combustível irá eliminar todos os problemas enfrentados pela pilha de combustível convencional. O armazenamento de hidrogénio enfrenta muitos problemas que não podem ser resolvidos pelo método normal, pelo que implementaram a nanotecnologia no armazenamento de hidrogénio para resolver este problema, tendo descoberto que os nano tubos de carbono podem ser utilizados para armazenar a quantidade necessária de hidrogénio

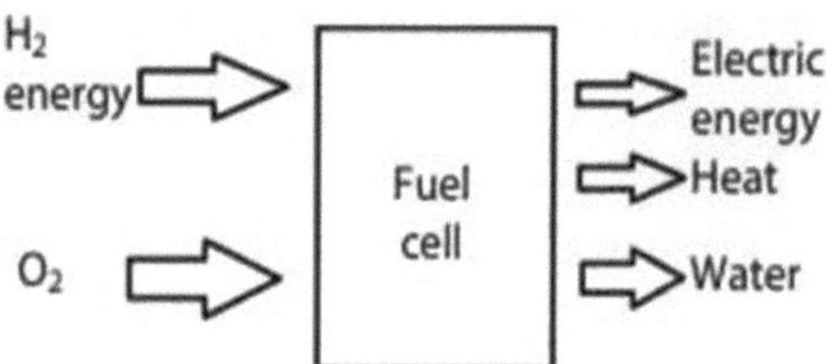

Figura 7. Entradas e saídas da célula de combustível

Gondal .I.A et al (2015) relataram como a nanotecnologia é utilizada para aumentar a eficiência da célula de combustível. Examinaram como melhorar a tecnologia do hidrogénio, deram especial ênfase à tecnologia foto-eletroquímica e às técnicas de armazenamento de hidrogénio. Najjar, Y.S et al (2016), ao conhecerem a importância das células de combustível de membrana de permuta de protões (PEM), investigaram o papel da nanotecnologia na melhoria do desempenho das células de combustível PEM em futuras aplicações automóveis. realizaram experiências em células de combustível PEM com o seu próprio catalisador, Como resultado, traçaram a curva de polarização e descobriram que o desempenho da célula diminuiu relativamente com a utilização de nanopartículas de prata. Yu-Huei Su et al (2007), sabendo que as melhorias nas propriedades das membranas de electrólitos poliméricos têm estado fortemente relacionadas com o desenvolvimento de membranas de permuta de protões (PEM) de elevado desempenho. As melhorias nas propriedades das membranas de eletrólito polimérico têm estado fortemente relacionadas com o desenvolvimento de membranas de permuta de protões (PEM) de elevado desempenho, como se mostra na figura 2, para células de combustível de metanol direto (DMFC). Como resultado, descobriram que a forte interação - SO3H/-SO3H entre as cadeias sPPEK e as partículas de sílica-SO_3 H. conduz a ligações cruzadas iónicas na estrutura da membrana, o que aumenta tanto a estabilidade térmica como a resistência ao metanol das membranas

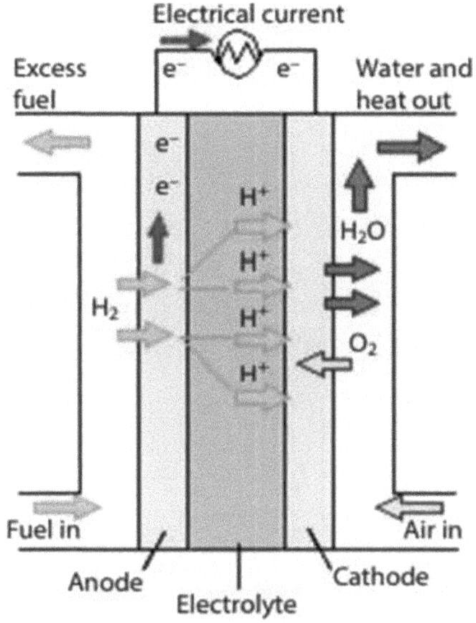

Figura 8. Célula PEM típica

Mei Zhang et al (2012) estudaram a utilização de nanomateriais de carbono como catalisador sem metal no combustível, em vez de platina. estão convencidos de que a dopagem com heteroátomos de carbono é benéfica. Estamos convencidos de que a dopagem com heteroátomos de carbono é bem sucedida. Os nanomateriais são um tipo de material constituído (por exemplo, nanotubos, grafeno, carbono mesoporoso). Foi demonstrado que causam transferências de carga intramoleculares.para ser uma estratégia viável para a produção de catalisadores sem metal, dependentes do carbono Avasarala, B et al (2008) apresentaram um trabalho que mostra que as nanopartículas de TiN podem ser utilizadas como material de suporte de catalisador para metais nobres como a Pt em PEMFCs, superando o electrocatalisador tradicional Pt/C em termos de operação catalítica. O TiN nanoestruturado provou ser um material promissor para supercondensadores e a sua aplicação como material de elétrodo também

19

foi comunicada. Datta e Kumta também descobriram que a Pt 50% Ru/TiN como catalisador anódico em células de combustível de metanol direto tinha uma maior atividade catalítica. No entanto, não existe literatura que explique a utilização de nanopartículas de TiN como suporte catalítico para a Pt em PEMFC à base de hidrogénio. M. J. Salar-García et al (2019) estudaram que, para superar as deficiências no tratamento tradicional da água, como as limitações nos requisitos de energia e no rendimento do processo, o MFC demonstrou superar essas limitações, a eficiência do MFCS é aumentada ainda mais usando a nanotecnologia ... como o uso de nanomateriais no cátodo e ânodo, CNT (nano tubos de carbono) na presença de platina reduzem a quantidade de catalisador ORR necessário, PT / CNTs podem aumentar a potência de saída em até 32%.Há uma grande variedade de nanomateriais em estudo para melhorar os MFCs, como o óxido de manganês por Haoran et al. (2014), prata cobalto por Cheng et al. (2006). Os MFCs desempenharão um papel importante na área de tratamento de água no futuro, uma vez que seja comercializado.

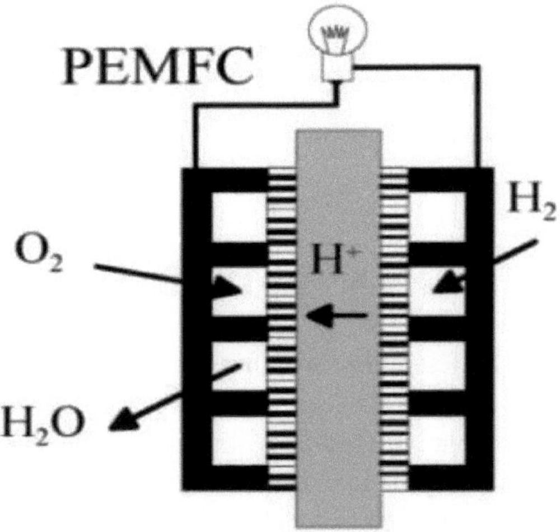

Figura 9. Uma PEMFC típica consome reagente e gera uma corrente

Zhongwei Chen et al (2006) relataram que as DMFCs tinham um problema de oxidação deficiente do metanol no cátodo e a transferência cruzada de metanol do ânodo para o cátodo continua a ser o principal problema enfrentado pelas DMFCs. Estes problemas são abordados através da combinação de polímeros condutores e nanopartículas metálicas, podem ser gerados novos electrocatalisadores, com áreas de superfície mais elevadas e maior atividade de oxidação do metanol, estes electro catalisadores são utilizados para resolver os problemas nas DMFCs. O catalisador utilizado neste estudo é o Pt/PaniNFs, que mostra uma maior atividade electrocatalítica e tolerância do catalisador para a reação de oxidação do metanol. K.S. Dhathathreyan et al (2017), a utilização da nanotecnologia na PEMFC, como mostra a figura 3, e na SOFC para aumentar o desempenho, abrange todas as áreas relacionadas com a síntese de nanomateriais, a sua utilização como diferentes componentes em células de combustível, meio electro-catalítico, atividade eletroquímica num ambiente de célula de combustível, meio alcalino/ácido, vários combustíveis, etc. No caso das SOFC, a utilização de nanomateriais contribuiu para a redução da temperatura das SOFC, bem como para a tolerância ao enxofre no ânodo e para a redução da formação de coque. A estabilidade a longo prazo dos materiais utilizados na nanotecnologia e a manutenção da elevada condutividade devem ser estudadas para melhorar ainda mais as células de combustível.

Ryan S Hsu et al (2010) estudaram que uma célula de combustível de etanol direto (DEFC) é uma tecnologia promissora para o fornecimento de energia para aplicações em transportes e dispositivos electrónicos portáteis. O etanol tem uma vantagem distinta em relação ao metanol e ao hidrogénio, uma vez que não é tóxico e está no estado líquido à temperatura ambiente, mas a DFC não pode ser comercializada devido à cinética de reação lenta no ânodo, (ii) à baixa tolerância do catalisador aos intermediários da reação e ao fraco desempenho devido à seletividade desfavorável do produto final. Para ultrapassar estes problemas, os electro-catalisadores Pt/SnO2-SWNT são optimizados através da variação das cargas de SnO_2 .

Eiichi Sakuue et al (2005) São feitas abordagens para redimensionar as DMFC de modo a torná-las compactas e simples de usar para abordagens comerciais e, para isso, a nanotecnologia e os MEMS desempenham um papel importante nesta abordagem. A abordagem estratégica para redimensionar as DMFC é a seguinte aumento da eficiência, aumento da atividade dos catalisadores, redução do cruzamento de metanol, redução da perda óhmica diminuição do tamanho do depósito de combustível sem diminuição da densidade energética redução do tamanho dos dispositivos auxiliares e melhoramentos regulares em PEM e MEA

Saeed Moghaddam et al (2010) estudaram que a PEM tem sido utilizada como um potencial para aplicações na conversão e armazenamento de energia, mas tem um problema impedido com a montagem do seu elétrodo de membrana, para retificar a questão é introduzida uma membrana inorgânica-orgânica à base de silício. A PEM de silício é preparada com poros com diâmetros de ~5-7 nm, adicionando uma monocamada molecular auto-montada na superfície do poro, e depois cobrindo os poros com uma camada de sílica porosa. A camada de sílica reduz o diâmetro dos poros e assegura a sua hidratação e a condutividade de protões 2 a 3 vezes maior do que a do Nafion a baixa humidade, pelo que a aplicação da nanotecnologia melhora a condutividade da célula de combustível.

D. S. Mainardi et al (2006) explicam que as células de combustível são conhecidas há muito tempo e continuam a ser desenvolvidas em áreas como os electro catalisadores, os cátodos e os ânodos, os PEMS e os suportes catalíticos, etc. Os recentes avanços na aplicação de materiais nanoestruturados à base de carbono abriram caminho para a utilização de nanotubos de carbono como novos suportes de electro catalisadores. Estudos realizados mostraram que as nanopartículas de Pt suportadas em nanotubos de carbono apresentam uma atividade electro-catalítica notavelmente mais elevada para a redução do oxigénio do que as nanopartículas de Pt suportadas em negro de fumo, o que contribuiria para uma redução substancial dos custos das células de combustível PEM, que influenciam a termodinâmica e a cinética da redução do oxigénio devido à sua escala de comprimento e propriedades específicas.

Hartmut Presting et al (2003) et al explica que os nanocomponentes na indústria automóvel farão uma revolução no macrossistema, como nos colectores de potência, na redução do desgaste, nos motores sem CO_2, nas carroçarias autolimpantes, nas peças recicláveis, etc. A nanotecnologia já é utilizada em automóveis, como o vidro e o termoplástico nanocamadas, por exemplo, o vidro termocontrolado sekurit e o Basell TPO-Nano, e são feitos muitos desenvolvimentos em áreas de peças automóveis, como as fibras de carbono Bucky, que são utilizadas para fabricar uma carroçaria mais leve e resistente ao impacto, o que indiretamente provoca um menor consumo de combustível. Brian P. Setzler et al (2016) estudaram a introdução de células de combustível na indústria automóvel, especialmente em automóveis, substituindo os principais componentes do trem de força, através da aplicação de PEMFCs que mostraram uma maior densidade de potência, recentemente HEMFCs ganhou uma grande tração devido à sua possibilidade de suas vantagens a longo prazo devido às suas vantagens de custo a longo prazo devido à sua possibilidade de usar catalisador livre de metal do grupo de platina, Para tal, as nanoestruturas das HEMFCs são cuidadosamente optimizadas de modo a concentrarem áreas de superfície mais elevadas em pequenos volumes, mantendo simultaneamente uma atividade específica elevada e propriedades favoráveis de transporte por poros. Mahesh M Waje et al (2005) estudaram que os CNT desempenham um papel importante na investigação à nanoescala devido às suas propriedades electrónicas e mecânicas dependentes da sua estrutura única.5nm foi conseguida em nanotubos de carbono organicamente funcionalizados depositados in situ em papel de carbono, que actuam como locais moleculares para a adsorção de iões Pt e também evitam a deposição não uniforme de Pt nas superfícies de CNT A Fig. 4 mostra a imagem TEM de Pt depositada em CNTs funcionalizados com o sal de diazónio. O MEA com Pt/CNT como cátodo e um elétrodo ETEK convencional como ânodo foi preparado, o que mostrou um melhor desempenho do que um MEA convencional baseado em E-TEK. Fei Sun et al (2020) relata que, a fim de superar a estabilidade dimensional presente no Speek devido ao seu alto teor de sulfonação, o clorometil SPEEK (SPEEK-Cl) foi sintetizado e a membrana reticulada foi preparada usando a reação de alquilação de Friedel-Crafts, que pode manter os grupos de ácido sulfônico no esqueleto do polímero e ter melhor resistência mecânica estabilidade dimensional junto com condutividade de prótons e densidade de potência

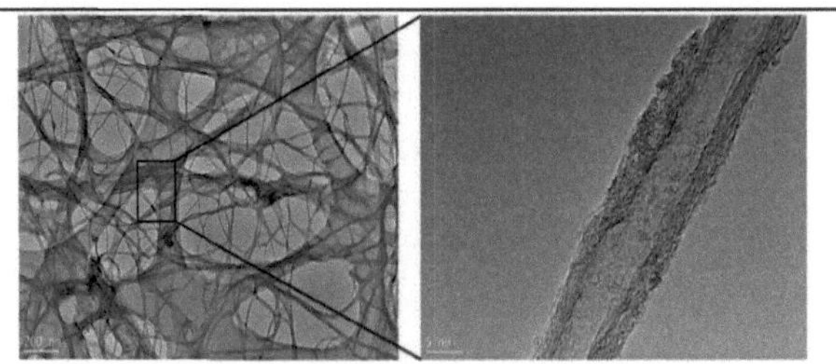

Figura 10. Morfologia TEM dos nanotubos de carbono (CNT)

Liangdong Fan et al (2017) relataram que a nanotecnologia foi introduzida em meados dos anos 19 no SOFCS e tem desempenhado um papel vital na melhoria do SOFCS de baixa temperatura, algumas das técnicas que são as seguintes, para mitigar as deficiências em unidades SOFC de nanomateriais monofásicos, diminuindo a espessura do eletrólito, minimizando a resistência em série e também melhorando a reação do elétrodo usando nanomateriais de ceria dopados têm desempenhado um papel vital na melhoria do SOFCS.

Mostafa Ghasemi et al (2013) A nanotecnologia tem sido utilizada em MFCS, extensivamente na produção de energia, especialmente na produção de energia solar e de hidrogénio, devido à sua natureza facilmente reactiva devido à sua grande área de superfície, a nanotecnologia tem vindo a desempenhar um papel fundamental na melhoria dos cátodos em MFCs, diminuindo a reação de redução de oxigénio, proporcionando ao mesmo tempo uma mistura estável de inóculos microbianos e uma elevada condutividade. Rajnish Kaur et al (2020) relataram que foram feitos desenvolvimentos nos MFC's utilizando vários nanomateriais para melhorar os eléctrodos, alguns dos desenvolvimentos são os seguintes, para melhorar a condutividade eléctrica e térmica com materiais de boa estabilidade mecânica, tais como a utilização de óxido de grafeno reduzido (rGO) e nanotubos de carbono (CNTs), a modificação anódica é feita para melhorar a adesão interfacial das bactérias utilizando Escherichia coli [E.coli] e Shewanella Oneidensis, a utilização de polianilina, que é um polímero condutor na modificação anódica, para melhorar a condutividade e explorar o máximo rendimento

Polímeros em FC's

Kingshuk Dutta (2020) explica que, para eliminar os vários factores biológicos que dificultam o desempenho nas FC e fornecer soluções rentáveis, foram utilizadas nanopartículas poliméricas no sistema de catalisador para melhorar a condutividade térmica e eléctrica, proporcionando uma superfície mais elevada, dispersão uniforme do catalisador metálico, melhor interação com as partículas depositadas e gerando mais eletrões com melhores propriedades interfaciais Du, H et al (2018) estudaram a implementação de nanomateriais de carbono em células de combustível líquido direto, começaram com nanopartículas bimetálicas Pt-Pd suportadas por MWCNT. A difração de raios X, a microscopia eletrônica de varredura e a microscopia eletrônica de transmissão foram usadas para classificar os catalisadores, que revelaram um tamanho médio de partícula de 4,0 nm espalhados uniformemente na superfície dos nanotubos de carbono de paredes múltiplas (MWCNT). Descobriu-se recentemente que o Pd tem uma atividade catalítica mais elevada do que a Pt na reação de oxidação do etanol em meio alcalino, o que levou à invenção de nano catalisadores compostos ou ligas à base de Pd ou Pd. As pilhas de combustível directas de ácido fórmico, ao contrário das pilhas de combustível directas de metanol/etanol, podem funcionar em soluções ácidas. Os eléctrodos, os electrólitos e as condições de trabalho desempenham um papel importante na reação de oxidação do ácido fórmico. Utilizaram MWCNTs revestidos com Pd para investigar os efeitos de diferentes condições de funcionamento na reação, incluindo as concentrações de ácido fórmico e de ácido sulfúrico, bem como a temperatura. Produziram algumas imagens TEM de PdO/MWCNT, PdO/grafeno e PdO/grafite. G. Ya. Gerasimov (2015) estudou nanomateriais em células de combustível de troca de protões, O componente central do sistema PEFC é a membrana de troca de protões. A redução eletroquímica de nanopartículas de Pt numa superfície porosa e altamente formada de um suporte de carbono (negro de fumo, CNTs) é uma abordagem alternativa para a fabricação de eléctrodos para PEFCs que permite que as partículas de metal sejam localizadas em áreas específicas da superfície do elétrodo, reduzindo a espessura da camada catalítica. Foi dada especial atenção ao catalisador do cátodo, uma vez que a reação de redução do oxigénio é provavelmente a responsável pela queda de tensão na célula de combustível. Os catalisadores são precipitados na superfície dos CNT por vários métodos de redução de sais de Pt (II), incluindo microemulsão, CVD e métodos electroquímicos. Ele também estudou a membrana baseada em nano materiais e descobriu que os materiais nanoestruturados também são usados no desenvolvimento de membranas menos caras e eficazes para células de combustível. e Quynh Hoa et al (2017) estudou Nanomateriais à base de carbono em células de combustível alimentadas por combustível à base de biomassa, ele propôs célula de combustível à base de amido, é muito mais simples de processar do que a celulose porque é mais fácil de degradar, portanto, requer relativamente menos energia para processar. Spets et al. propuseram uma célula de combustível direta funcionando com Pt-Pd como catalisador anódico e o elétrodo catódico continha uma carga catalítica de 3,15 mg cm-2 de Cobalto-meso-tetrafenilporfirina (CoTPP) numa concentração de 18% em carbono e de 17,5 mg cm-2 de MnCo2O4. Esta célula de combustível direta, operando com 10 g L-1 de amido em 2 M KOH, embora utilizasse metal nobre como catalisador, não poderia ganhar mais de 1 mA cm-2 a 51 ∘C Kumar et al.(2017) relataram um procedimento simples para sintetizar nanofolhas de óxido de grafeno perfuradas em larga escala - híbridos de Pd (Pd-FP-rGONSs) usando irradiação de micro-ondas. As Pd-FP-rGONSs preparadas eram compostas por uma grande quantidade de defeitos estruturais de superfície que criaram porosidade dentro das nanofolhas, levando a uma menor resistência à transferência de carga e mudanças de pico de oxidação negativa. Como resultado,

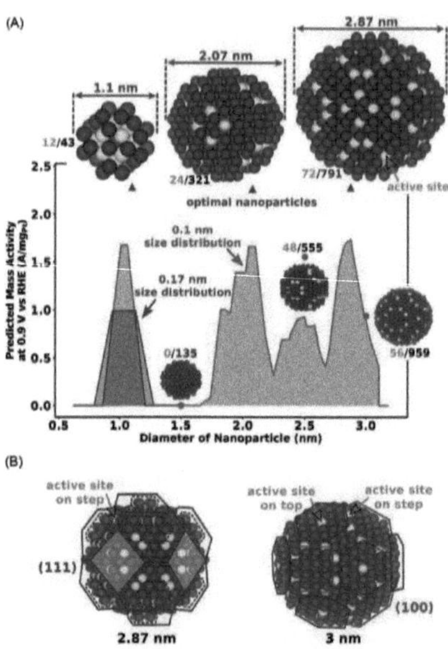

Figura 11: Síntese de nanomateriais

Resultado Os Pd-FP-rGONSs tiveram um desempenho muito melhor em termos de densidade de corrente (10,2 mA cm-2) do que os Pd/MWCNTs com a mesma concentração inicial de etanol. Até à data, no entanto, ainda não existe nenhum trabalho publicado sobre o protótipo final e a sua densidade de potência de DEFCs, que utilizam catalisadores à base de óxido de grafeno Qian et al. sintetizaram 3 tipos de películas finas nanoestruturadas de TiO2, constituídas por nanopartículas de diferentes tamanhos, 4,5, 5 e 15 nm. As películas foram preparadas utilizando uma suspensão coloidal de nanopartículas sobre um pouco de vidro com óxido de índio e estanho (ITO). As películas foram secas à temperatura ambiente e depois aquecidas a 623 ok durante 30 min. Ficou provado que quanto mais pequena a duração das partículas, maior a resposta da fotocorrente. Numa análise comparativa dos eléctrodos de película fina e de nanofios de TiO2, Khan e Sultana decidiram um aumento de duas vezes no desempenho da maior parte da fotoconversão, enquanto uma película fina de TiO2 de camada única foi alterada através da utilização de nanofios. Os nanofios foram preparados adicionando lentamente gotas de uma solução de TiO2 a uma membrana de alumina. De acordo com Zeis et al (2007), a folha de ouro nano porosa revestida a Pt (Pt-NPGL) foi criada através do revestimento de poros e pele atomicamente finos e conformes de Pt sobre os poros de localização superficial excessiva de uma membrana fina de ouro nanoporoso. Uma vez que a carga de Pt em Pt-NPGL pode ser regulada até 10 LG/cm2, o tecido foi indicado como tendo potencial para ser um electrocatalisador de baixa carga de Pt e sem carbono. Uma substância como esta pode ser utilizada tanto como elétrodo como catalisador. Este método pode também evitar a agregação de partículas e, consequentemente, resultar numa dispersão excessiva e em nanopartículas mais pequenas Garlyyev , Kratzl et al (2009), conhecendo o elevado custo dos electrocatalisadores utilizados na reação de redução do oxigénio (ORR) no cátodo da célula de combustível. Mais especificamente, apenas os electrocatalisadores à base de Pt mostraram atividade e estabilidade suficientes, o que é muito dispendioso, sintetizaram nanopartículas de platina em tamanho ótimo para aumentar a atividade de massa na reação eletroquímica de redução de oxigénio. De acordo com um estudo de Sabatier sobre as energias de adsorção das espécies intermédias rivais *OH e *OOH, os sítios com 7,5 GCN,8,3 têm comportamentos mais elevados do que os sítios com Pt. Pequenas diferenças de tamanho irão reorganizar significativamente as superfícies das nanopartículas, como se pode ver na Figura 5. Na nanopartícula óptima de 2,87 nm, os sítios activos formam-se no fundo dos degraus < ao lado de pequenas facetas, que são empilhadas no topo das superfícies subjacentes. Através de uma análise computacional, verificaram que um pequeno aumento da nanopartícula óptima de 2,87 nm para 3 nm resulta numa atividade de massa aproximadamente 60% inferior.Mostraram nanopartículas de Pt com estruturas metal-orgânicas (MOF) com um diâmetro de 1,1 nm, que foi estimado como sendo o melhor tamanho na nossa análise computacional. A atividade mais elevada registada entre os electrocatalisadores à base de Pt pura para a ORR, de tamanhos semelhantes. Figura 14: Actividades mássicas previstas em função do diâmetro das nanopartículas. As nanopartículas óptimas (triângulos azuis) são identificadas com diâmetros de 1,1 nm, 2,07 nm e 2,87 nm. Três nanopartículas menos activas (hexágonos verdes) são exemplificadas a 1,5 nm, 2,5 nm e 3 nm. As curvas vermelha e azul mostram as actividades de massa previstas para nanopartículas com distribuição de tamanho de 0,1 nm e 0,17 nm, respetivamente. O rácio entre os sítios activos com 7,5,GCN,8,3 (realçados a amarelo) e o número total de sítios é apresentado para todas as nanopartículas ilustradas. B) Superfícies de baixo índice (111) (azul) e (100) (vermelho) representadas nas nanopartículas de 2,87 e 3 nm. Na nanopartícula de 2,87 nm, as superfícies (111) delimitadas a tracejado são empilhadas sobre as superfícies (111) delimitadas a sólido. Saha et al (2008) conceberam um novo método para produzir nanopartículas de Pt uniformemente espaçadas e com elevada carga em nanotubos de carbono cultivados diretamente em papel de carbono. O procedimento envolveu o tratamento dos CNTs com ácido acético glacial, o que reduziu a quantidade de iões Pt na superfície dos CNTs. . A Fig. 6(a-c) mostra imagens TEM típicas de CNTs/ papel de carbono após a deposição de nanopartículas de Pt sintetizadas utilizando diferentes concentrações de precursor de Pt e redução química com ácido acético glacial. As partículas de Pt monodispersas na superfície dos CNTs variavam em tamanho de 2-4 nm, dependendo da concentração do precursor de Pt. De acordo com a análise da espetroscopia de fotoeletrão de raios X, o agente redutor ácido acético glacial foi capaz de produzir grupos funcionais de alta densidade, contendo oxigénio na superfície dos CNTs, resultando em nanopartículas de Pt de alta densidade e monodispersas. Recentemente, afirmou-se que os nanotubos de carbono dopados com azoto (N-CNT) melhoram a dispersão das nanopartículas de Pt e têm sido utilizados como materiais de suporte para catalisadores de células de combustível.

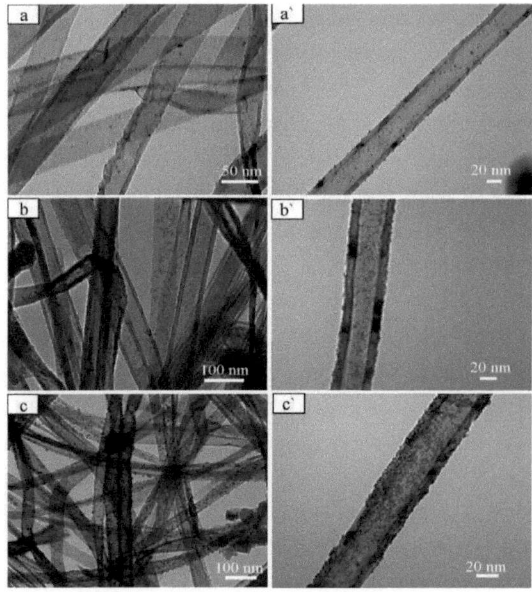

Fig. 12 Imagens TEM das nanopartículas de Pt depositadas no papel de CNTs/carbono a partir de diferentes concentrações do precursor de Pt (a) 1 mM, (b) 2 mM e (c) 4 mM em ácido acético glacial. Painel direito: Nanopartículas de Pt depositadas num único CNT. As cargas de Pt correspondentes nos CNTs são 0,11, 0,24 e 0,42 mgPt cm-2.

Chen et al (2006) organizaram compósitos Nafion/TiO2 com TiO2 mesoporoso. O compósito feito com TiO2 com a vizinhança de superfície agradável mostrou a maior densidade de força e o desempenho geral ordinário da célula de primeira classe. Além disso, foi feita uma tentativa de incluir uma camada de TiO2 como espaçador entre o Nafion e o catalisador de Pt. A presença de uma camada de TiO2 com uma espessura de 18 nm não pareceu ter qualquer efeito sobre o desempenho normal da célula. Foi, portanto, aconselhado que é possível atualizar o Nafion em PEMFC com TiO2. As melhores competências de absorção e retenção de água das membranas a uma temperatura [90 grausC] são de particular interesse no funcionamento a temperaturas mais elevadas das células de gás. foi dito que a adição de nanopartículas de óxidos incluindo ZrO2, TiO2 e SiO2 resulta no desenvolvimento de residências de retenção de água de Nafion a 90 c N. Abdullah , SK Kamarudin - (2015), A era celular da gasolina é um dos recursos de força de oportunidade para a era subsequente, apesar do fato de que esta geração confirmou ser uma das principais técnicas para gerar novos ativos de energia. A geração celular a gasolina, no entanto, tem alguns problemas que restringem a comercialização de células de combustível. Hoje em dia, novos pensamentos sobre o dióxido de titânio são introduzidos como solução de capacidade em vários pacotes na geração celular de gasolina. Assim, este artigo oferece uma visão geral sobre os programas de dióxido de titânio e destaca as propriedades particulares e os benefícios do dióxido de titânio na tecnologia móvel a gasolina.

Alsaeedi, A., & Show, Y.- (2019), Um dos programas de nanocarbono é um tecido guia de catalisador de platina (Pt) para células de combustível. Neste caso, o nanocarbono tornou-se eficazmente sintetizado por plasma em líquido em etanol. O nano-carbono sintetizado foi caracterizado através do microscópio eletrónico de transmissão e da espetroscopia Raman. Além disso, o nano-carbono foi aplicado a um tecido auxiliar de catalisador de Pt para uma célula de gás de membrana de troca de protões. A formação das partículas de Pt no nano-carbono foi também conseguida utilizando o plasma em líquido. O Pt/nano-carbono trabalhado como um catalisador da célula de gás. A célula de gasolina, fabricada com o catalisador Pt/nano-carbono, gerou a força máxima de saída de 580 Mw.

Song, Z et al (2016) descobriram que os problemas enfrentados pelas células de combustível ao usar catalisadores de metal Nobel são a baixa durabilidade do catalisador e o custo mais alto, o que afeta o potencial das células de combustível no mercado consumidor, estudos são feitos para resolver este problema, um dos recentes progressos nesse campo está usando Nano catalisador derivado de MOF que tem boa atividade ORR e durabilidade com estabilidade suficiente, por exemplo) MOFs baseados em Zn como precursor e modelo podem ser usados para fabricar catalisadores de carbono Nano dopados com heteroátomo, demonstram excelente atividade ORR e durabilidade a longo prazo em meios alcalinos. Guo, S et al (2011) referiram que os NMN incluíram recentemente técnicas avançadas para a síntese de NMN com tamanho, forma, composição, microestrutura, etc. controláveis, a conceção de nanocatalisadores baseados em NMN de elevada eficiência para células de combustível e sensores electroquímicos, estes resultados de investigação revelam que os NMN podem abrir oportunidades em vários domínios que nos ajudam a compreender melhor os NMN, como o seu mecanismo de crescimento, o processo de síntese de nanocatalisadores multi ou mono metálicos. O objetivo final da síntese controlável de NMNs é desenvolver uma técnica de baixo custo, de elevado rendimento e amiga do ambiente para a síntese de NMNs

Rojas, J. P., & Hussain, M. M. (2015) - As soluções inovadoras são fundamentais para a identificação e melhoria de activos energéticos alternativos. As células de gás microbianas (MFCs) são uma geração em ascensão que garante a produção de energia verde e, ao mesmo tempo, trata as águas residuais. Atualmente, estão a ser desenvolvidos numerosos estudos para determinar quais as bactérias, combustíveis e materiais mais seguros para o desenvolvimento das MFCs mais ecológicas; as MFCs de tamanho micro têm um papel fundamental nesta intenção. As actuais técnicas de microfabricação para a construção de células microscópicas e a problemática sobre as suas vantagens e as situações exigentes que têm de ser ultrapassadas. O foco na integração de nanomateriais em MFCs e finalizar com as situações exigentes para escalar MFCs e capacidade faz uso de para essas células em miniatura.

Morozan, A., Stamatin, L., et al - (2007) - Os nanotubos de carbono foram organizados e a sua biocompatibilidade com espécies específicas de nanotubos de carbono (CNTs) foi avaliada em termos da sua incorporação num projeto anódico de célula de combustível microbiana (MFC). Foram utilizados nanotubos de carbono de parede múltipla (MWNTs) com várias morfologias e sistemas, conforme recebidos, e sintetizados através da pirólise de novolac com adição de ferroceno. Os MWNTs foram caracterizados por TEM e espetroscopia de toes-IR. Os Bionanocompósitos concebidos (BNCs) são excelentes meios de subcultura de células e os eléctrodos baseados principalmente em CNTs sintetizados podem ser utilizados com resultados adequados em MFCs, do ponto de vista da biocompatibilidade bacteriana.

Basri, S., Kamarudin, S. K., et al - (2010), A nanotecnologia foi recentemente aplicada às células de combustível de metanol direto (DMFC), uma das alternativas mais adequadas e promissoras para aparelhos transportáveis. Com características como a baixa temperatura de funcionamento, o desempenho excessivo na conversão de energia e a emissão ocasional de poluentes, as DMFC podem também ajudar a resolver a crise energética do futuro. Os catalisadores compostos por pequenos resíduos metálicos, que incluem a platina e o ruténio, suportados em nanocarbonetos ou óxidos metálicos, são amplamente utilizados nas DMFC. Assim, este documento apresenta uma visão de alto nível da melhoria dos nanocatalisadores para DMFC. Esta visão geral centra-se principalmente na forma do nanocatalisador, no guia do catalisador e nos desafios no âmbito da síntese do nanocatalisador. Este documento também aborda os métodos computacionais para a modelação teórica de nanomateriais constituídos por nanotubos de carbono (CNT) através de técnicas de dinâmica molecular. Linda Carrette Dr., K. Andreas Friedrich Dr, et al - (2000), Durante a última década, as células de combustível adquiriram grande interesse por parte de instituições de estudo e empresas como novos sistemas de conversão de eletricidade. Os elementos ambientais e sociais que promovem o desenvolvimento das células a gasolina são mencionados, com ênfase nos benefícios das células a gasolina em comparação com as estratégias tradicionais. Em seguida, são apresentadas as principais reacções que podem ser responsáveis pela conversão de produtos químicos em energia eléctrica nas células de gás e são indicados os fundamentos termodinâmicos e cinéticos. As eficiências teóricas e reais das células de gás são também comparadas com as dos motores de combustão interna. Posteriormente, são definidas as diferentes variedades de células de gás e os seus aditivos essenciais e são apresentados os problemas materiais associados.

Chen, Z., Higgins, D., et al - (2009), um dos principais desafios dentro da comercialização de células a gasolina de baixa temperatura é a cinética lenta da reação de redução de oxigénio e o valor excessivo e escassez de catalisadores totalmente à base de platina (Pt). Como resultado final, eletrocatalisadores não nobres alternativos às substâncias Pt para ORR são desejados para reconhecer o software sensível das células a gasolina. Neste exame, nanotubos de carbono dopados com nitrogênio (NCNTs) foram sintetizados como um eletrocatalisador não nobre para o ORR, o uso de etilenodiamina (EDA-NCNT) e piridina (Py-NCNT) como um dos precursores de nitrogênio usando um processo de deposição de vapor químico (CVD) de etapa única. usando a combinação dos resultados do passatempo ORR e da caraterização do tecido, conclui-se que o maior teor de nitrogênio e maiores defeitos de NCNT levam a um desempenho geral excessivo de ORR.

Ghasemi M., Daud W. R. W., et al - (2013),O combustível móvel microbiano (MFC) é uma tecnologia totalmente promissora para a produção de energia eléctrica a partir da fermentação anaeróbia de orgânicos e inorgânicos. O baixo desempenho global da MFC em comparação com outras tecnologias móveis de gás extra estabelecidas e o custo excessivo dos seus aditivos em comparação com a baixa taxa das águas residuais que tratou, são os dois principais obstáculos à comercialização. Nos últimos anos, o desempenho da MFC tem sido melhorado através da utilização, entre outros, de materiais nanocompósitos baratos, incluindo carbono nanoestabelecido nos eléctrodos, que são mais condutores e mecanicamente estáveis, com uma grande região de superfície e um melhor interesse catalítico eletroquímico em comparação com a Pt convencional sobre carbono.

Gupta, V. K., Yola, M. L., et al - (2014), Uma célula de combustível é uma célula eletroquímica que converte um gás de alimentação num dia moderno elétrico. As células a gasolina têm atraído cada vez mais interesse nos últimos tempos devido às necessidades excessivas de energia, ao esgotamento dos gases fósseis e à poluição ambiental em todo o mundo. nesta análise, nanopartículas metálicas e bimetálicas de tamanho excecional (AuNPs, Fe @ AuNPs, Ag @ AuNPs) foram sintetizadas em folhas de óxido de grafeno e seus esportes eletrocatalíticos para a oxidação do metanol foram investigados. . Os resultados experimentais verificaram que as nanopartículas bimetálicas suportadas em óxido de grafeno apresentam uma eficiência eletroquímica mais vantajosa para a electro-oxidação do metanol. As Ag@AuNPs suportadas em óxido de grafeno, em comparação com as Fe@AuNPs e AuNPs suportadas em óxido de grafeno, apresentaram o melhor desempenho na electro-oxidação do metanol.

Krishnakumar, M., & Ramaprabhu, S. - (2007), nanocatalisadores de paládio suportados em nanotubos de carbono de paredes múltiplas oxidados à superfície foram preparados através do desconto de resposta aquosa de PdCl2 . Os MWNT foram sintetizados por deposição de vapor químico catalítico (CCVD). A pirólise do acetileno usando um reator catalítico de colchão fixo sobre um catalisador de hidreto de liga AB2 baseado principalmente em terra incomum (RE), obtido através da abordagem de decrepitação de hidrogénio, foi conseguida para sintetizar MWNT. Investigações das propriedades de deteção de hidrogênio de conjuntos Pd-MWNT foram alcançadas. a estabilidade dos filmes finos de Pd-MWNT após vários ciclos de adsorção e dessorção foi estudada. A alternância na resistência eléctrica devido à adsorção de hidrogénio é reversível, com crescimento até à saturação na exposição ao hidrogénio combustível. Os efeitos mostram que os MWNT tratados quimicamente e funcionalizados com Pd nanoestruturado apresentam uma resposta correcta de deteção de H2 à temperatura ambiente.

Lee, J. W., & Kjeang, E. - (2013), As células de gasolina estão a ganhar força como um aspeto essencial dentro da mistura de força renovável para pacotes de eletricidade de mesa, transporte e transportáveis. No presente artigo, uma célula de combustível nanofluídica que faz uso de deslizamento de fluido através de meios nanoporosos é conceituada e verificada pela primeira vez. Esta ideia transformadora capta as vantagens das arquitecturas móveis de gasolina sem membrana e sem catalisador recentemente desenvolvidas. Em comparação com as células a gasolina microfluídicas anteriormente pronunciadas, o protótipo de célula a gasolina nanofluídica demonstra melhor localização da superfície, redução do sobrepotencial de ativação, no regime de tensão celular excessiva com densidade de potência até quatorze% maior. no entanto, os benefícios esperados de entrega em massa dentro do regime de alta densidade de ponta foram confinados com a ajuda de resistência ôhmica excessiva da célula.

Luo, C., Xie, H., et al - (2015), As células de combustível constituem uma geração apelativa para o dia seguinte ao vetor energético atual devido ao facto de o hidrogénio ser um gás verde e ambientalmente fácil, mas um dos desafios cruciais para a comercialização de células de combustível é a preparação de catalisadores energéticos, fortes e de preço ocasional. A síntese e o processamento de nanopartículas multimetálicas com cobertura molecular, tal como descritos neste relatório, constituem uma forma interessante de lidar com este projeto. Este boletim informativo discute os resultados actuais das nossas investigações sobre a síntese e o processamento de catalisadores nanoestruturados com comprimento, composição e residências no solo geridos com a ajuda de alguns exemplos de nanopartículas bimetálicas/trimetálicas e catalisadores suportados para a redução electrocatalítica do oxigénio.

Shao, Y., Sui, J., et al - (2008), O estudo e desenvolvimento de catalisadores com atividade excessiva e durabilidade excessiva é uma questão de bom tamanho para a célula de combustível de membrana alternativa de protões (PEMFC). As técnicas de dopagem com azoto das nanoestruturas de carbono e os factores electrocatalíticos do carbono contendo azoto com e sem metais catalíticos são revistos. Os catalisadores à base de Pt com carbono dopado com azoto como auxiliar apresentam uma atividade catalítica e uma durabilidade mais adequadas. Para a maior parte dos catalisadores de aço não baseados em Pt (Fe, Co e muitos outros) atualmente investigados quanto à sua capacidade de utilização em PEMFC, o azoto é o elemento crítico. No entanto, o interesse

catalítico ainda é baixo e o problema de estabilidade é qualquer outro problema difícil para catalisadores metálicos não Pt. O carbono dopado com nitrogénio, sem metais catalíticos, sugere adicionalmente um passatempo catalítico mais forte. Tang, J., Liu, J., et al - (2014), O suporte de catalisador ideal mais próximo da melhoria de eletrodos de desempenho geral excessivo para células de gás deve possuir funções estruturais e químicas eficazes em relação à acessibilidade às superfícies da estrutura e estabilidade eletroquímica das estruturas condutoras. Nesta avaliação, os desenvolvimentos recentes da síntese de materiais de carbono nanoporoso são resumidos com o advento de seus potenciais em células de gasolina. Os focos são colocados em controlos precisos de porosidade, cristalinidade e morfologia, misturados com os desenhos da forma do chão, composição da estrutura e encapsulamento de nanopartículas metálicas e de óxido metálico. Subsequentemente, são fornecidas algumas perspectivas para futuras tendências e orientações da síntese e funcionalização de substâncias de carbono nanoporoso para o desenho de células de combustível. Thiam, H. S., Daud, W. R. W., et al - (2011), Prevê-se que as células de combustível se tornem em breve uma fonte de geração de eletricidade com emissões baixas ou nulas para programas de tecnologia portátil e motores eléctricos. As nanoestruturas foram reconhecidas como elementos essenciais para melhorar o desempenho global das membranas das células de combustível. Este documento oferece uma visão de alto nível da investigação e desenvolvimento de membranas de base nanométrica para embalagens móveis de gás distintas e centra-se na melhoria das membranas celulares de gás através destas nanoestruturas. Estudos teóricos sobre a utilização de modelação e simulação à escala molecular de membranas de células de combustível também foram abordados nesta revisão. Outros problemas relacionados com as limitações da época, situações exigentes de investigação e características futuras também são revistos.
Tripathi, B. P., & Shahi, V. K. - (2011), a membrana electrolítica polimérica de nanocompósito orgânico-inorgânico (PEM) transporta blocos de construção inorgânicos de tamanho nano em polímero natural através do grau molecular de hibridação. A mais recente tecnologia de células de gás de membrana de eletrólito polimérico é totalmente baseada em membranas de ácido perfluoro sulfônico, que apresentam alguns problemas e deficiências importantes que incluem: controle de água, envenenamento por CO, reformado de hidrogênio e cruzamento de gasolina. nanocompósito natural-inorgânico PEM exibe uma capacidade incrível para resolver esses problemas e tem atraído muito interesse nos últimos dez anos.

Tsuchiya, M., Lai, B.-K., et al - (2011), A utilização de células de óxido de gasolina e de diferentes dispositivos iónicos de reino forte em pacotes de força é limitada pela sua exigência de temperaturas de trabalho alargadas, geralmente acima de 800 °C. As membranas de filme fino permitem o funcionamento a baixa temperatura com a ajuda da redução da resistência óhmica dos electrólitos. As membranas de zircónio estabilizado com ítria em nanoescala, com dimensões laterais na escala de milímetros ou centímetros, podem ser tornadas termomecanicamente fortes através da deposição de grelhas metálicas sobre elas para funcionarem como suportes mecânicos. As nossas membranas maciças também podem ser aplicadas em aplicações electroquímicas de eletricidade, incluindo a separação de gasolina, a produção de hidrogénio e as membranas de permeação.

Zhang, W., & Pintauro, P. N. - (2011), Um elétrodo de nanofibras é fabricado por meio de electrospinning uma tinta composta de detritos de catalisador Pt/C numa resposta de Nafion e poli(ácido acrílico). densidades de potência fantasticamente elevadas e massa de platina são alcançadas durante a utilização do tapete como cátodo em conjuntos de membrana-elétrodo de células de gasolina H2/ar e H2/O2. O cátodo de nanofibra também mostra uma estabilidade extraordinária em exames de resistência elevados.

Zhao, H., Li, L., et al - (2008), Um novo suporte catalítico foi sintetizado por polimerização química oxidativa in situ de pirrol em carbono Vulcan XC-72 em solução de ácido naftaleno sulfónico (NSA) contendo persulfato de amónio como oxidante à temperatura ambiente. As nanopartículas de Pt com comprimento de 3-4 nm foram depositadas nos compósitos de polipirrol-carbono preparados com o auxílio do método de redução química. . Os compósitos catalisadores dispersos em nanopartículas de Pt foram utilizados como ânodos de células de combustível para oxidação de hidrogénio e metanol. As medições de voltametria cíclica da oxidação do hidrogénio e do metanol mostraram que as nanopartículas de Pt depositadas em polipirrol-carbono com NSA como dopante apresentam uma atividade catalítica mais elevada do que as depositadas em carbono indiscutível.

Zhong, C.-J., Luo, J., et al - (2010), Esta avaliação destaca algumas descobertas das nossas investigações nos últimos anos no desenvolvimento de tácticas superiores para catalisadores nanoestruturados que lidam com este desafio. É mencionada uma informação sobre a forma como as casas à nanoescala das nanopartículas multimetálicas diferem das suas contrapartes à escala do volume, e a forma como a interação entre as nanopartículas e os materiais auxiliares diz respeito à sinterização das dimensões ou à evolução dentro do sistema de ativação térmica.A perceção obtida a partir da sondagem da forma como as interacções nanopartículas-nanopartículas e nanopartículas-substrato se relacionam com a evolução da escala no método de ativação de nanopartículas em substratos planos serve como um importante preceito orientador no âmbito da gestão da sinterização de nanopartículas em substâncias auxiliares extraordinárias.

Zhong, C.-J., Mott, D., et al - (2008), As células de combustível constituem uma geração apelativa para o vetor energético atual devido ao facto de o hidrogénio ser um gás verde e ambientalmente fácil, mas um dos desafios cruciais para a comercialização de células de combustível é a preparação de catalisadores energéticos, fortes e de preço ocasional. A síntese e o processamento de nanopartículas multimetálicas com cobertura molecular constituem uma forma interessante de lidar com este projeto. Este artigo discute os resultados actuais das nossas investigações sobre a síntese e o processamento de catalisadores nanoestruturados com comprimento, composição e residências no solo geridos com a ajuda de alguns exemplos de nanopartículas bimetálicas/trimetálicas e catalisadores suportados para a redução electrocatalítica do oxigénio.

Zhu, B - (2009), O condutor de iões de oxigénio clássico (mais de 100 anos) e o princípio das células a gasolina de óxido sólido (SOFC) enfrentaram desafios vitais, que são causados pelo tecido eletrolítico, o coração da SOFC. A conceção e o desenvolvimento de substâncias que funcionem a baixas temperaturas são, portanto, uma tarefa crucial. Para conceber e desenvolver materiais de secção e funcionalidades nas interfaces entre os níveis constituintes em compósitos totalmente baseados em nanotecnologia, trata-se de nanocompósitos. A tecnologia nano e compósita pode reconhecer a condução superiónica através da construção das interfaces como "auto-estradas de iões". A manipulação das interfases dos nanocompósitos pode superar os desafios da SOFC e, por esta razão, decorar e melhorar a condutividade do tecido e o desempenho geral da FC a temperaturas drasticamente reduzidas (300- 6001C).

Os catalisadores são utilizados com combustíveis como o hidrogénio ou o metanol para produzir iões de hidrogénio. A platina, que é muito cara, é o catalisador normalmente utilizado neste processo. As empresas estão a utilizar nanopartículas de platina para reduzir a quantidade de platina necessária, ou a utilizar nanopartículas de outros materiais para substituir totalmente a platina e assim baixar os custos.

As células de combustível contêm membranas que permitem a passagem de iões de hidrogénio, mas não permitem a passagem de outros átomos ou iões, como o oxigénio. As empresas estão a utilizar a nanotecnologia para criar membranas mais eficientes, o que lhes permitirá construir células de combustível mais leves e duradouras. Estão a ser desenvolvidas pequenas células de combustível que podem ser utilizadas para substituir baterias em dispositivos portáteis, como PDAs ou computadores portáteis. A maior parte das empresas que trabalham neste tipo de células de combustível utilizam o metanol como combustível e designam-nas por DMFC, que significa célula de combustível de metanol direto. As DMFC foram concebidas para durar mais tempo do que as baterias convencionais. Além disso, em vez de ligar o dispositivo a uma tomada eléctrica e esperar que a bateria seja recarregada, com uma DMFC basta inserir um novo cartucho de metanol no dispositivo e está pronto a funcionar.

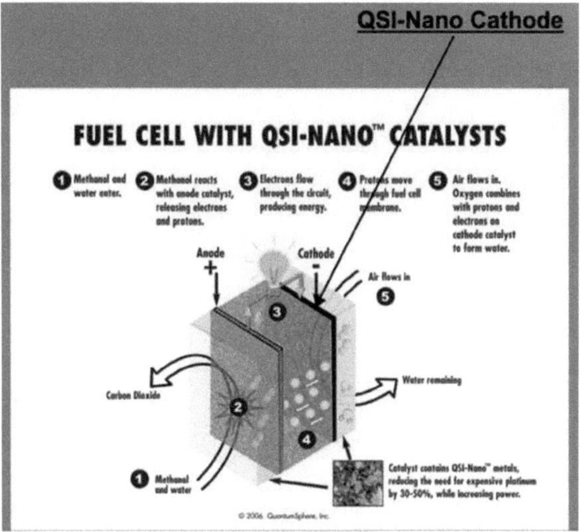

Figura 13. Melhoria da célula de combustível com recurso à nanotecnologia.

5. DEBATE SOBRE A ESCALABILIDADE, A RELAÇÃO CUSTO-EFICÁCIA E A SUSTENTABILIDADE AMBIENTAL

Os benefícios económicos dos nanomateriais na energia do hidrogénio vão para além do crescimento do mercado. A criação de emprego é uma faceta fundamental e as estimativas sugerem que a indústria do hidrogénio poderá gerar até 700.000 novos empregos só nos Estados Unidos até 2030. Isto inclui funções na produção de hidrogénio, transporte, armazenamento e fabrico de células de combustível, promovendo oportunidades de emprego em toda a cadeia de valor. A redução das emissões surge como um benefício económico significativo. O hidrogénio, sendo um combustível de queima limpa, produz apenas vapor de água e calor durante a combustão, apresentando uma alternativa ambientalmente atraente aos combustíveis fósseis. Ao incorporar o hidrogénio no cabaz energético, é possível obter reduções substanciais das emissões de gases com efeito de estufa, contribuindo para melhorar a qualidade do ar e atenuar as alterações climáticas. O aumento da segurança energética é outra vantagem económica. A produção de hidrogénio pode utilizar vários recursos domésticos, incluindo o gás natural, o carvão, a biomassa e a água. Esta diversificação minimiza a dependência das importações de combustíveis fósseis, reforçando a segurança energética dos países com reservas limitadas ou com elevada dependência das importações. Prevê-se que a criação de emprego no âmbito da economia do hidrogénio tenha um impacto considerável. Prevê-se que o crescimento da indústria crie oportunidades de emprego em vários sectores, desde a produção ao transporte e ao fabrico de células de combustível. As estimativas sugerem que a indústria do hidrogénio poderá gerar até 700.000 novos postos de trabalho só nos Estados Unidos até 2030. O aumento da eficiência é uma vantagem económica crucial das pilhas de combustível a hidrogénio. Em comparação com os motores de combustão interna, as pilhas de combustível a hidrogénio apresentam uma maior eficiência, produzindo mais energia com menos combustível. Esta maior eficiência traduz-se em poupanças de custos e numa maior eficiência energética global, solidificando ainda mais a viabilidade económica das tecnologias do hidrogénio. As capacidades de armazenamento de energia amplificam os benefícios económicos. O hidrogénio, quando armazenado, serve como fonte de energia de reserva durante os picos de procura ou períodos em que as fontes de energia renováveis não estão disponíveis. Isto contribui para a estabilidade da rede e reduz a dependência de sistemas de armazenamento de energia dispendiosos, oferecendo vantagens económicas a par de uma maior fiabilidade. A redução dos custos é um fator essencial para a viabilidade económica da energia do hidrogénio. À medida que a tecnologia evolui para a produção, armazenamento e transporte de hidrogénio, espera-se que os custos diminuam. Esta redução prevista coloca o hidrogénio como uma alternativa rentável aos combustíveis fósseis a longo prazo, apresentando vantagens económicas à escala global. Em conclusão, a importância económica da incorporação de nanomateriais no avanço da energia do hidrogénio é multifacetada. Para além do crescimento do mercado, o potencial para a criação de emprego, o aumento da eficiência, o reforço da segurança energética e a sustentabilidade ambiental sublinham o impacto transformador dos nanomateriais na definição de um futuro energético sustentável e economicamente robusto. Quadro 7, que resume os benefícios económicos esperados da energia do hidrogénio, incluindo a redução das emissões, o aumento da segurança energética, a criação de emprego, o aumento da eficiência, o armazenamento de energia e a redução dos custos.

6. CONCLUSÃO

Uma das principais questões com que estamos a lidar atualmente é a qualidade do ar. Os gases de escape das fábricas e dos automóveis são a principal fonte de emissões atmosféricas. As emissões atmosféricas podem ser reduzidas de forma significativa se forem utilizadas células de combustível como fonte de energia em veículos e fábricas. As pilhas de combustível utilizadas atualmente têm uma escala enorme e não podem ser utilizadas como motores de combustão interna (motores IC), que são utilizados nos automóveis. As nanoestruturas e os processos à nanoescala tendem a ser adequados para melhorar a eficiência dos catalisadores em células de combustível e eléctrodos, produtos de armazenamento de hidrogénio e conjuntos de eléctrodos de membrana de células de combustível. A fisissorção, um mecanismo não dissociativo, é utilizada para armazenar hidrogénio em mofs e nanoestruturas de carbono. A nanotecnologia está a desempenhar um papel cada vez mais importante na melhoria do desempenho dos processos. Os PEMFCS podem ser utilizados como fonte de energia para transportes. A redução do custo através da diminuição da carga de Pt no elétrodo e a melhoria da condutividade da membrana e das propriedades de retenção de água são os dois problemas mais prementes na comercialização de células de combustível. O custo total pode ser reduzido diminuindo o tamanho das nanopartículas de Pt através de novos métodos de síntese e da descoberta de catalisadores alternativos. As nanopartículas de sílica sulfonada incorporadas em polímeros sulfonados para formar membranas nanocompósitas aumentam a estabilidade térmica e reduzem o cruzamento de metanol. O Laboratório de Investigação Naval dos Estados Unidos desenvolveu células de combustível microbianas com membranas nano porosas que produzem uma difusão passiva no interior da célula utilizando um sistema não-PEM. Também descobrimos que as nanopartículas como catalisadores são caracterizadas por uma grande área de superfície e um elevado grau de dispersão dos constituintes metálicos na superfície do suporte. Muitas destas investigações ainda se encontram a nível laboratorial e, quando se aplicam à vida real, podem ser o sonho de mudança deste século

7. REFERÊNCIAS

1. Abdullah, N., & Kamarudin, S. K. (2015). Dióxido de titânio na tecnologia de células de combustível: Uma visão geral. Jornal de fontes de energia, 278, 109-118. doi: 10.1016 / j.jpowsour.2014.12.014

2. Alsaeedi, A., & Show, Y. (2019). Síntese de nanocarbono pelo método de plasma em líquido e sua aplicação a um material de suporte de catalisador de Pt para célula de combustível. Nanomateriais e Nanotecnologia, 9, 184798041985315. doi:10.1177/1847980419853159

3. Avasarala, B., Murray, T., Li, W. e Haldar, P., 2009. Electrocatalisadores à base de nanopartículas de nitreto de titânio para células de combustível com membrana de permuta de protões. Journal of materials Chemistry, 19(13), pp.1803-1805. https://doi.org/10.1039/B819006B

4. Basri,S.,Kamarudin,S.K.,Daud,W.R.W.,&Yaakub,Z.(2010). Nanocatalisador para célula de combustível de metanol direto (DMFC). International Journal of Hydrogen Energy, 35(15),7957-7970. doi:10.1016/j.ijhydene.2010.05.111

5. Carrette, L., Friedrich, K. A., & Stimming, U. (2000). Fuel Cells: Principles, Types, Fuels, and Applications. ChemPhysChem, 1(4), 162-193. doi:10.1002/1439-7641(20001215)1:4<162::aid- cphc162>3.0.co;2-z

6. Chen, Z., Higgins, D., Tao, H., Hsu, R. S., & Chen, Z. (2009). Nanotubos de carbono dopados com azoto altamente activos para a reação de redução do oxigénio em aplicações de células de combustível. The Journal of Physical Chemistry C, 113(49), 21008- 21013. doi:10.1021/jp908067v

7. Chen, Z., Xu, L., Li, W., Waje, M. e Yan, Y., 2006. Nanoelectrocatalisadores de platina suportados por nanofibras de polianilina para células de combustível de metanol direto. Nanotechnology, 17(20), p.5254.

8. Dhathathreyan, K.S., Rajalakshmi, N. e Balaji, R., 2017. Nanomateriais para a tecnologia de células de combustível. Nanotecnologia para a Sustentabilidade Energética, pp.569-596.

9. Du, H., Zhao, C.X., Lin, J., Guo, J., Wang, B., Hu, Z., Shao, Q., Pan, D., Wujcik, E.K. e Guo, Z., 2018. Nanomateriais de carbono em células de combustível líquido direto. The Chemical Record, 18(9), pp.1365-1372. https://doi.org/10.1002/tcr.201800008

10.Dutta, K., 2020. Nanomateriais poliméricos em aplicações de células de combustível. Em Nanostructured, Functional, and Flexible Materials for Energy Conversion and Storage Systems (Materiais nanoestruturados, funcionais e flexíveis para sistemas de conversão e armazenamento de energia) (pp. 105-129). Elsevier.

11. Fan, L., Wang, C., Chen, M. e Zhu, B., 2013. Desenvolvimento recente de materiais compósitos à base de ceria (nano) para células de combustível cerâmicas de baixa temperatura e células de combustível sem eletrólito. Journal of Power Sources, 234, pp.154-174.

12. Fan, L., Zhu, B., Su, P.C. e He, C., 2018. Nanomateriais e tecnologias para células de combustível de óxido sólido de baixa temperatura: avanços recentes, desafios e oportunidades. Nano Energy, 45, pp.148-176.

13. Garlyyev, B., Kratzl, K., Rück, M., Michalička, J., Fichtner, J., Macak, J.M., Kratky, T., Günther, S., Cokoja, M., Bandarenka, A.S. e Gagliardi, A., 2019. Otimizando o tamanho das nanopartículas de platina para aumentar a atividade de massa na reação eletroquímica de redução de oxigênio. Edição Internacional da Angewandte Chemie, 58(28), pp.9596-9600. DOI: 10.1002/anie.201904492

14. Ghasemi, M., Daud, W. R. W., Hassan, S. H. A., Oh, S.-E., Ismail, M., Rahimnejad, M., & Jahim, J. M. (2013). Carbono nanoestruturado como material de elétrodo em células de combustível microbianas: Uma revisão abrangente. Journal of Alloys and Compounds, 580, 245-255. doi:10.1016/j.jallcom.2013.05.094

15. Gupta, V. K., Yola, M. L., Atar, N., Üstündağ, Z., & Solak, A. O. (2014). Estudos eletroquímicos em nanopartículas metálicas e bimetálicas suportadas por óxido de grafeno para aplicações em células de combustível. Jornal de Líquidos Moleculares, 191, 172-176. doi: 10.1016 / j.molliq.2013.12.014

16. Hsu, R.S., Higgins, D. e Chen, Z., 2010. Feixes de nanotubos de carbono de parede simples revestidos com óxido de estanho que suportam electrocatalisadores de platina para células de combustível de etanol direto. Nanotechnology, 21(16), p.165705. https://doi.org/10.1002/ente.201500126

17. Kaur, R., Marwaha, A., Chhabra, V.A., Kim, K.H. e Tripathi, S.K., 2020. Desenvolvimentos recentes em eléctrodos baseados em nanomateriais funcionais para células de combustível microbianas. Renewable and Sustainable Energy Reviews, 119, p.109551. https://doi.org/10.1016/j.rser.2019.109551

18. KRISHNAKUMAR, M., & RAMAPRABHU, S. (2007). Sensor de hidrogénio baseado em nanotubos de carbono de paredes múltiplas dispersos em paládio para aplicações em células de combustível. International Journal of Hydrogen Energy,32(13),2518- 2526. doi:10.1016/j.ijhydene.2006.11.015

19. Kumar, R.; Savu, R.; Singh, R.K.; Joanni, E.; Singh, D.P.; Tiwari, V.S.; Vaz, A.R.; da Silva, E.T.S.G.; Maluta, J.R.; Kubota, L.T.; et al. Densidade controlada de defeitos assistidos por estrutura perfurada em nanofolhas de óxido de grafeno

reduzido - híbridos de paládio para electro-oxidação de etanol melhorada. Carbono 2017, 117, 137-146.

20. Luo, C., Xie, H., Wang, Q., Luo, G., & Liu, C. (2015). Uma revisão da aplicação e desempenho de nanotubos de carbono em células de combustível. Journal of Nanomaterials, 2015, 1-10. doi:10.1155/2015/560392

21.Mainardi, D.S. e Mahalik, N.P., 2006. Nanotecnologia para aplicações em células de combustível. Em Micromanufacturing and Nanotechnology (pp. 425-440). Springer, Berlim, Heidelberg.

22.Mao, S.S., Shen, S. e Guo, L., 2012. Nanomateriais para a produção, armazenamento e utilização de hidrogénio renovável. Progresso em Ciências Naturais: Materiais Internacionais, 22(6), pp.522-534.

23.Moghaddam, S., Pengwang, E., Jiang, Y.B., Garcia, A.R., Burnett, D.J., Brinker, C.J., Masel, R.I. e Shannon, M.A., 2010. Uma membrana inorgânica-orgânica de permuta de protões para células de combustível com uma estrutura de poros à escala nanométrica controlada. Nature Nanotechnology, 5(3), pp.230-236.

24.Morozan, A., Stamatin, L., Nastase, F., Dumitru, A., Vulpe, S., Nastase, C.Scott, K. (2007). A biocompatibilidade microorganismos-nanoestruturas de carbono para aplicações em células de combustível microbianas. Physica Status Solidi (a), 204(6), 1797-1803.doi:10.1002/pssa.200675344

25.Najjar, Y.S. e Safadi, M., 2016. O papel da nanotecnologia na melhoria do desempenho da célula de combustível PEM em futuras aplicações automotivas. Jornal de Engenharia de Energia Sustentável, 4(1), pp.59-79.

26.Niemann, M.U., Srinivasan, S.S., Phani, A.R., Kumar, A., Goswami, D.Y. e Stefanakos, E.K., 2008. Nanomateriais para aplicações de armazenamento de hidrogénio: uma revisão. Journal of Nanomaterials, 2008.

27.Pandiyan, G.K. e Prabaharan, T., 2020. Implementação da nanotecnologia em células de combustível. Materials Today: Proceedings.

28.Presting, H. e König, U., 2003. Desenvolvimentos futuros da nanotecnologia para aplicações no sector automóvel. Ciência e Engenharia dos Materiais: C, 23(6-8), pp.737-741.

29.Qiao, Y. e Li, C.M., 2011. Catalisadores nanoestruturados em células de combustível. Journal of Materials Chemistry, 21(12), pp.4027-4036. https://doi.org/10.1039/C0JM02871A

30.Rojas, J. P., & Hussain, M. M. (2015). O papel da microfabricação e da nanotecnologia no desenvolvimento de células de combustível microbianas. Tecnologia de Energia, 3(10), 996-1006.doi:10.1002/ente.201500126

31.Saha, M.S., Li, R. e Sun, X., 2008. Carga elevada e nanopartículas de Pt monodispersas em nanotubos de carbono de paredes múltiplas para células de combustível de membrana de permuta de protões de elevado desempenho. Journal of Power Sources, 177(2), pp.314-322.

32.Sakaue, E., 2005, janeiro. Micromaquinação/nanotecnologia em células de combustível de metanol direto. Na 18ª Conferência Internacional do IEEE sobre Sistemas Micro Electro-Mecânicos, 2005. MEMS 2005. (pp. 600-605). IEEE.

33.Salar-García, M.J. e Ortiz-Martínez, V.M., 2019. Nanotecnologia para tratamento de águas residuais e geração de bioenergia em células de combustível microbianas. Em Pesquisa Avançada em Nanociências para Tecnologia da Água (pp. 341-362). Springer, Cham.

34.Setzler, B.P., Zhuang, Z., Wittkopf, J.A. e Yan, Y., 2016. Objectivos de atividade para catalisadores nanoestruturados sem metais do grupo da platina em células de combustível de membrana de permuta de hidróxido. Nature Nanotechnology, 11(12), pp.1020-1025.

35.Shao, Y., Sui, J., Yin, G., & Gao, Y. (2008). Nanoestruturas de carbono dopadas com azoto e seus compósitos como materiais catalíticos para células de combustível de membrana de troca de protões: Environmental,79(1),89–99. doi:10.1016/j.apcatb.2007.09.047

36.Su,Y.H., Liu, Y.L., Sun, Y.M., Lai, J.Y., Wang, D.M., Gao, Y., Liu, B. e

Guiver, M.D., 2007. Membranas de permuta de protões modificadas com nanopartículas de sílica sulfonada para células de combustível de metanol direto. Journal of Membrane Science, 296(1-2), pp.21-28. https://doi.org/10.1016/j.memsci.2007.03.007

37.Sun, F., Qin, L.L., Zhou, J., Wang, Y.K., Rong, J.Q., Chen, Y.J., Ayaz, S., Hai-Yin, Y.U. e Liu, L., 2020. Friedel-Crafts self-crosslinking of sulfonated poly (etheretherketone) composite proton exchange membrane doped with phosphotungstic acid and carbon-based nanomaterials for fuel cell applications. Journal of Membrane Science, 611, p.118381.

38. Tang, J., Liu, J., Torad, N. L., Kimura, T., & Yamauchi, Y. (2014). Design personalizado de materiais funcionais de carbono nanoporoso para aplicações em células de combustível. Nano Today, 9(3), 305-323. doi:10.1016/j.nantod.2014.05.003

39.Song, Z., Cheng, N., Lushington, A. e Sun, X., 2016. Progressos recentes em nanomateriais derivados de MOF como electrocatalisadores avançados em células de combustível. Catalysts, 6(8), p.116.

40.Guo, S. e Wang, E., 2011. Nanomateriais de metais nobres: síntese

controlável e aplicação em células de combustível e sensores analíticos. Nano
Today, 6(3), pp.240- 264

41.Thiam, H.S., Daud, W.R.W., Kamarudin, S.K., Mohammad, A.B., Kadhum,
A.A.H., Loh, K.S. e Majlan, E.H., 2011. Visão geral da membrana
nanoestruturada em aplicações de células de combustível. Revista Internacional
de Energia do Hidrogénio, 36(4), pp.3187-3205.

42. Tripathi, B. P., & Shahi, V. K. (2011). Membranas de eletrólito polimérico
de nanocompósitos orgânicos-inorgânicos para aplicações em células de
combustível. Progress in Polymer Science, 36(7), 945-979.
doi:10.1016/j.progpolymsci.2010.12.005

43. Tsuchiya, M., Lai, B.-K., & Ramanathan, S. (2011). Membranas
nanoestruturadas escaláveis para células de combustível de óxido sólido. Nature
Nanotechnology, 6(5), 282-
286. doi:10.1038/nnano.2011.43

44.Waje, M.M., Wang, X., Li, W. e Yan, Y., 2005. Deposição de nanopartículas
de platina em nanotubos de carbono orgânicos funcionalizados cultivados in situ
em papel de carbono para células de combustível. Nanotecnologia, 16(7), p.S395

45.Zeis R, Mathur A, Fritz G, Lee J, Erlebacher J (2007) J Power Sources
165:65. doi:10.1016/j.jpowsour.2006.12.007

46.Zhang, W., & Pintauro, P. N. (2011). Eléctrodos de células de combustível de
nanofibras de alto desempenho. ChemSusChem, 4(12), 1753-1757.
doi:10.1002/cssc.201100245

47.Zhao, H., Li, L., Yang, J., & Zhang, Y. (2008). Compósito nanoestruturado de
polipirrol/carbono como suporte de catalisador de Pt para aplicações em células
de combustível. Journal   of Power Sources, 184(2),375- 380.
doi:10.1016/j.jpowsour.2008.03.024

48.Zhong, C.-J., Luo, J., Fang, B., Wanjala, B. N., Njoki, P. N., Loukrakpam, R.,
& Yin, J. (2010). Catalisadores nanoestruturados em células de combustível.
Nanotechnology, 21(6), 062001. doi:10.1088/0957-4484/21/6/062001

49.Zhong, C.-J., Luo, J., Njoki, P. N., Mott, D., Wanjala, B., Loukrakpam, R., ...
Xu, Z. (2008). Tecnologia de células de combustível: catalisadores
multimetálicos de nano-engenharia. Energy & Environmental Science, 1(4), 454.
doi:10.1039/b810734n

50.Zhu, B. (2009). Célula de combustível de óxido sólido (SOFC): desafios
técnicos e soluções a partir de nano-aspectos. International Journal of Energy
Research, 33(13), 1126-1137. doi:10.1002/er.1600 .

51.Kazmerski, L.L 2006. I&D em energia solar fotovoltaica no ponto de viragem: A 2005 technology overview. Journal of Electron Spectroscopy and Related Phenomena 150:105-135.

52.Kumara, G.R.A., Kaneko, S., Konna, A., Okuya, M., Murakami, K., Onwona-agyeman, B., e Tennakone, K. 2006. Células solares sensibilizadas por corantes de grande área: Aspectos materiais do fabrico. Progress in photovoltaics: research and applications 14 (7):643-651

53.Kroon, J.M., Bakker, N.J., Smit, H.J.P., Liska, P., Thampi, K.R., Wang, P., Zakeeruddin, S.M., Gratzel, M., Hinsch, A., Hore, S., Wurfel, U., Sastrawan, R., Durrant, J.R., Palomares, E., Pettersson, H., Gruszecki, T., Walter, J., Skupien, K., e Tulloch, G.E. -(2007. Células solares nanocristalinas sensibilizadas por corantes com desempenho máximo. Progress in photovoltaics: research and applications 15 (1):1-18.

54.Li, B., Wang, L., Kang, B., Wang, P., Qui, Y. 2006. Revisão dos progressos recentes em células solares de estado sólido sensibilizadas por corantes. Solar Energy Materials & Solar Cells 90:549-573.

55. Gratzel, M. 2001. Células fotoelectroquímicas. Natureza 414:338-344.

56.Oelhafen, P., Schuler, A. 2005. Nanostructured materials for solar energy conversion (Materiais nanoestruturados para conversão de energia solar). Solar Energy 79:110-121.

57.Zukalova, M., Zukal, A., Kavan, L., Nazeeruddin, M.K., Liska, P., Gratzel, M. 2005. Filmes mesoporosos organizados de TiO2 que exibem um desempenho muito melhorado em células solares sensibilizadas por corantes. Nano Letters 5:1789-1792.

58.Chiba, Y., Islam, A., Komiya, R., Koide, N., Han, L. 2006. Eficiência de conversão de 10,8% por uma célula solar sensibilizada por corante utilizando elétrodo de TiO2 com elevada nebulosidade. Applied Physics Letters 88.

59.Yao, S-C., Tang, X., Hsieh, C-C., Alyousef, A., Vladimer, M., Fedder, G.K., Amon, C.H. 2006. Desenvolvimento de células de combustível de metanol direto em microescala com base em sistemas micro-electro-mecânicos (MEMS). Energia 31:636-649.

60.Departamento de Energia. 2005. Plano Técnico Secção 3.3 Armazenamento de Hidrogénio: DOE.

61.Rabaey, K., Verstraete, W. 2005. Microbial fuel cells: novel biotechnology for energy generation. TRENDS in Biotechnology. 23 (6):291-298.

62.Chan, K-Y., Ding, J., Ren, J., Cheng, S., Tsang, K.Y. 2004. Supported mixed metal nanoparticles as electro-catalysts in low temperature fuel cells. Journal of

Materials Chemistry 14:505-516.

63.Ministério dos Transportes. Platina e hidrogénio para veículos a pilhas de combustível. (2003). Disponível em http://www.dft.gov.uk/stellent/groups/dft_roads/documents/page/dft_roads_024056.hcsp.

64.Uemiya, S. 2004. Breve revisão da reforma a vapor utilizando um reator de membrana metálica. Tópicos em Catalisadores 29 (1-2):79-84.\

65.Gondal, I.A. e Sahir, M.H. "Prospects of natural gas pipeline infrastructure in hydrogen transportation." International Journal of Energy Research 36.15 (2012): 1338-1345.

yes
I want morebooks!

Buy your books fast and straightforward online - at one of world's fastest growing online book stores! Environmentally sound due to Print-on-Demand technologies.

Buy your books online at
www.morebooks.shop

Compre os seus livros mais rápido e diretamente na internet, em uma das livrarias on-line com o maior crescimento no mundo! Produção que protege o meio ambiente através das tecnologias de impressão sob demanda.

Compre os seus livros on-line em
www.morebooks.shop

Printed by Books on Demand GmbH, Norderstedt / Germany